物种战争

李湘涛　杨红珍　李　竹　徐景先　黄满荣　杨　静　毕海燕　倪永明　张昌盛　著

之 魔高一尺 道高一丈

北京市科

创新

IG201306N

项目支撑

U0334145

中国社会出版社

国家一级出版社★全国百佳图书出版单位

图书在版编目（CIP）数据

物种战争之魔高一尺道高一丈 / 李湘涛等著.
—北京：中国社会出版社，2014.12
（防控外来物种入侵·生态道德教育丛书）
ISBN 978-7-5087-4919-8

Ⅰ.①物…　Ⅱ.①李…　Ⅲ.①外来种—侵入种—普及读物 ②生态
环境—环境教育—普及读物　Ⅳ.①Q111.2-49 ②X171.1-49

中国版本图书馆CIP数据核字（2014）第293239号

书　　名：物种战争之魔高一尺道高一丈
著　　者：李湘涛 等

出 版 人：浦善新
终 审 人：李　浩　　　　　　　　　责任编辑：侯　钰
策划编辑：侯　钰　　　　　　　　　责任校对：籍红彬

出版发行：中国社会出版社　　　　　邮政编码：100032
通联方法：北京市西城区二龙路甲33号
　　　　　编辑部：（010）58124865
　　　　　邮购部：（010）58124848
　　　　　销售部：（010）58124845
　　　　　传　真：（010）58124856
网　　址：www.shcbs.com.cn
　　　　　shcbs.mca.gov.cn
经　　销：各地新华书店

中国社会出版社天猫旗舰店

印刷装订：北京威远印刷有限公司
开　　本：170mm×240mm　1/16
印　　张：12.25
字　　数：200千字
版　　次：2015年6月第1版
印　　次：2017年4月第2次印刷
定　　价：39.00元

中国社会出版社微信公众号

顾问

万方浩 中国农业科学院植物保护研究所研究员

刘全儒 北京师范大学教授

李振宇 中国科学院植物研究所研究员

杨君兴 中国科学院昆明动物研究所研究员

张润志 中国科学院动物研究所研究员

致谢

　　防控外来物种入侵的公共生态道德教育系列丛书——《物种战争》得以付梓，我们首先感谢北京市科学技术研究院的各级领导对李湘涛研究员为首席专家的创新团队计划(IG201306N)项目的大力支持。感谢北京自然博物馆的领导和同仁对该项目的执行所提供的帮助和支持。

　　我们还要特别感谢下列全国各地从事防控外来物种入侵方面的科研、技术和管理工作的专家和老师们，是他们的大力支持和热情帮助使我们的科普创作工作能够顺利完成。

中国科学院动物研究所张春光研究员、张洁副研究员

中国科学院植物研究所汪小全研究员、陈晖研究员、吴慧博士研究生

中国科学院生态研究中心曹垒研究员

中国林业科学研究院森林生态环境与保护研究所王小艺研究员、汪来发研究员

中国农业科学院农业环境与可持续发展研究所环境修复研究室主任张国良研究员

中国农业科学院植物保护研究所张桂芬研究员、周忠实研究员、张礼生研究员、

　　王孟卿副研究员、徐进副研究员、刘万学副研究员、王海鸿副研究员

中国农业科学院蔬菜花卉研究所王少丽副研究员

中国农业科学院蜜蜂研究所王强副研究员

中国农业大学农学与生物技术学院高灵旺副教授、刘小侠副教授

国家粮食局科学研究院汪中明助理研究员

中国检验检疫科学研究院食品安全研究所副所长国伟副研究员

中国疾病预防控制中心传染病预防控制所媒介生物控制室主任刘起勇研究员、

　　鲁亮博士、刘京利副主任技师、档案室丁凌馆员、微生物形态室黄英助理研究员

中国食品药品检定研究院实验动物质量检测室主任岳秉飞研究员、

　　中药标本馆魏爱华主管技师

北京林业大学自然保护学院胡德夫教授、沐先运讲师、李进宇博士研究生、

　　纪翔宇硕士研究生

北京师范大学生命科学学院张正旺教授、张雁云教授

北京市天坛公园管理处副园长兼主任工程师牛建忠教授级高级工程师、
　　李红云高级工程师

北京动物园徐康老师、杜洋工程师

北京海洋馆张晓雁高级工程师

北京市西山试验林场生防中心副主任陈倩高级工程师

北京市门头沟区小龙门林场赵腾飞场长、刘彪工程师

北京市农药检定所常务副所长陈博高级农艺师

北京市植物保护站蔬菜作物科科长王晓青高级农艺师、副科长胡彬高级农艺师

北京市水产科学研究所副所长李文通高级工程师

北京市水产技术推广站副站长张黎高级工程师

北京市疾病预防控制中心阎婷助理研究员

北京市农林科学院植物保护环境保护研究所张帆研究员、虞国跃研究员、
　　天敌研究室王彬老师

北京市农业机械监理总站党总支书记江真启高级农艺师

首都师范大学生命科学学院生态学教研室副主任王忠锁副教授

国家海洋局天津海水淡化与综合利用研究所王建艳博士

河北省农林科学院旱作农业研究所研究室主任王玉波助理研究员

河北衡水科技工程学校周永忠老师

山西大学生命科学学院谢映平教授、王旭博士研究生

内蒙古自治区通辽市开发区辽河镇王永副镇长

内蒙古自治区通辽市园林局设计室主任李淑艳高级工程师

内蒙古自治区通辽市科尔沁区林业工作站李宏伟高级工程师

内蒙古民族大学农学院刘贵峰教授、刘玉平副教授

内蒙古农业大学农学院史丽副教授

中国海洋大学海洋生命学院副院长茅云翔教授、隋正红教授、郭立亮博士研究生

中国科学院海洋研究所赵峰助理研究员

山东省农业科学院植物保护研究所郑礼研究员

青岛农业大学农学与植物保护学院教研室主任郑长英教授

南京农业大学植物保护学院院长王源超教授、叶文武讲师、昆虫学系洪晓月教授

扬州大学杜予州教授

上海野生动物园总工程师、副总经理张词祖高级工程师

上海科学技术出版社张斌编辑

浙江大学生命科学学院生物科学系主任丁平教授、蔡如星教授、
　　农业与生物技术学院蒋明星教授、陆芳博士研究生
浙江省宁波市种植业管理总站许燎原高级农艺师
国家海洋局第三海洋研究所海洋生物与生态实验室林茂研究员
福建农林大学植物保护学院吴珍泉研究员、王竹红副教授、刘启飞讲师
福建省泉州市南益地产园林部门梁智生先生
厦门大学环境与生态学院陈小麟教授、蔡立哲教授、张宜辉副教授、林清贤助理教授
福建省厦门市园林植物园副总工程师陈恒彬高级农艺师、
　　多肉植物研究室主任王成聪高级农艺师
中国科学技术大学生命科学学院沈显生教授
河南科技学院资源与环境学院崔建新副教授
河南省林业科学研究院森林保护研究所所长卢绍辉副研究员
湖南农业大学植物保护学院黄国华教授
中国科学院南海海洋生物标本馆陈志云博士、吴新军老师
深圳市中国科学院仙湖植物园董慧高级工程师、王晓明教授级高级工程师、
　　陈生虎老师、郭萌老师
深圳出入境检验检疫局植检处洪崇高主任科员
蛇口出入境检验检疫局丁伟先生
中山大学生态与进化学院/生物博物馆馆长庞虹教授、张兵兰实验师
广东内伶仃福田国家级自然保护区管理局科研处徐华林处长、黄羽瀚老师
广东省昆虫研究所副所长邹发生研究员、入侵生物防控研究中心主任韩诗畴研究员、
　　白蚁及媒介昆虫研究中心黄珍友高级工程师、标本馆杨平高级工程师、
　　鸟类生态与进化研究中心张强副研究员
广东省林业科学研究院黄焕华研究员
南海出入境检验检疫局实验室主任李凯兵高级农艺师
广东省农业科学院环境园艺研究所徐晔春研究员
中国热带农业科学院环境与植物保护研究所彭正强研究员、符悦冠研究员
广西大学农学院王国全副教授
广西壮族自治区北海市农业局李秀玲高级农艺师
中国科学院昆明动物研究所杨晓君研究员、陈小勇副研究员、
　　昆明动物博物馆杜丽娜助理研究员
中国科学院西双版纳植物园标本馆殷建涛副馆长、文斌工程师
西南大学生命科学学院院长王德寿教授、王志坚教授
塔里木大学植物科学学院熊仁次副教授

没有硝烟的战场

——《物种战争》序

　　谈起物种战争，人们既熟悉又陌生，它随时随地都可能发生。当你出国通过海关时，倍受关注的就是带没带生物和未曾加工的食品，如水果、鲜肉……。因为许多细菌、病毒、害虫……说不定就是通过生物和食品的带出带入而传播的，一旦传播，将酿成大祸，所以，在国际旅行中是不能随便带生物和食品的。

　　除了人为的传播，在自然界也存在着一条"看不见的战线"，战争的参与者或许是一株平凡得让人视而不见的草木，或许是轻而易举随风飘浮的昆虫，以及肉眼看不见的细菌……它们一旦翻山越岭、远涉重洋在异地他乡集结起来，就会向当地的土著生物、生态系统甚至人类发动进攻，虽然没有硝烟，没有枪声，却无异于一场激烈的战争，同样能造成损伤和死亡，给生物界和人类以致命的打击。正因如此，北京自然博物馆科研人员创作的这套丛书之名便由此而就《物种战争》，既有"地道战""化学武器""时空战""潜伏""反客为主""围追堵截""逐鹿中原"，又有"双刃剑""魔高一尺，道高一丈""螳螂捕蝉，黄雀在后"。可见，物种战争的诸多特点展示得淋漓尽致。

　　我不是学生物的，但从事地质工作，几乎让我走遍世界，没少和生物打交道，没少受到这无影无形物种战争的侵袭：在长白山森林里被"草爬子"咬一次，几年还有后遗症；在大兴安岭，不知被什么虫子叮一下，手臂上红肿长个包，又痛又痒，流水化脓，上什么药也不管用，后来，多亏上海军医大一位搞微生物病理的教授献医，用一种给动物治病的药把我这块脓包治好了。有了这些经历，我深深感到生物侵袭的厉害，更不用说"非典""埃博拉"……是多么让人恐怖了！越是来自远方的物种，侵袭越强。

　　我虽深知物种侵袭的厉害，但对物种战争却知之甚少。起初，作者让我作序，我是不敢接受的。后经朋友鼎力推荐，我想，何不先睹为快呢，既要科普别人，先科普一下自己。不过，我担心自己能不能读懂？能不能感兴趣？打开书稿之后，这种忧虑荡然无存，很快被书的内容和写作形式所吸引。这套丛书不同于一般图书的说教，创作人员并没有把科学知识一股脑地灌输给读者，而是从普通民众日常生活中的身边事说起,很自然地引出每个外来入侵物种的入侵事件,并以此为主线,条分缕析,用通俗的语言和生动的事例,将这些外来物种的起源与分布、主要生物学特征、传播与扩散途径、对土著物种的威胁、造成的危害和损失,以及人类对其进行防控的策略和方法等科学知识娓娓道来。同时,还将公众应对外来物种入侵所应具备的科学思想、科学方法和生态道德融入其中,使公众既能站在高处看待问题,又能实际操作解决问题。对于一些比较难懂的学术概念和名词,则采用"知识点"的形式,简明扼要地予以注释,使丛书的可读性更强。

为了保证丛书的科学性,创作者们没有满足于自己所拥有的专业知识以及所查阅的科学文献,而是深入实际,奔赴全国各地,进行实地考察,向从事防控外来物种入侵第一线的专家、学者和科技人员学习、请教,深入了解外来物种的入侵状况,造成的危害,以及人们采取的防控措施,从实践中获得真知。

这套丛书的另一个特点是图片、插图非常丰富,其篇幅超过了全书的1/2,且绝大多数是创作者实地拍摄或亲手制作的。这些图片与行文关系密切,相互依存,相互映照,生动有趣,画龙点睛,真正做到了图文并茂,让读者能够在轻松愉悦中长知识,潜移默化地受教育。

随着国际贸易的不断扩大和全球经济一体化的迅速发展,外来物种入侵问题日益加剧,严重威胁世界各国的生态安全、经济安全和人类生命健康;我国更是遭受外来物种入侵非常严重的国家,由外来物种入侵引发的灾难性后果已经屡见不鲜,且呈现出传入的种类和数量增多、频率加快、蔓延范围扩大、发生危害加剧、经济损失加重的趋势。这就要求人们从自身做起,将个人行为与全社会的公众生态利益结合起来,加强公共生态道德教育,提高全社会的防范意识和警觉性,将入侵物种堵截在国门之外。

如今,物种战争已经打响,《孙子兵法》说:"多算胜,少算不胜,而况于无算乎!"愿广大民众掌握《物种战争》所赋予的科学武器,赢得抵御外来物种侵袭战争的胜利。

中国科学院院士
中国科普作家协会理事长

2014年10月于北京

目录

引言

与人类的战争一样,外来物种在入侵的过程中,总是充分利用自身在生态适应能力、繁殖能力、传播能力等方面的优势,使自己一方的力量超过与之敌对的另一方——土著物种。它们像魔鬼一样,通过繁殖竞争、取食竞争,来定居并繁衍和扩散,排挤土著物种,甚至对它们进行毁灭性的打击,从而改变或威胁了入侵地的生物多样性,也给人类的经济、文化、社会等方面造成了严重损失。

在这场物种战争中,人类扮演了不同的角色:前期往往无意中扮演了外来物种的"帮凶",后期却成为土著物种的坚强后盾。可见,战争中没有永远的敌人,只有永远的利益。人类要想获得最大的利益,就要长期坚持"预防为主,综合防治"的方针,科学、谨慎地对待新物种的引入,保护好本地生态环境,在加强检疫和疫情监测的同时,把人工防治、机械防治、农业防治(生物替代法)、化学防治、生物防治等技术措施有机结合起来。这样,人类在防控外来物种入侵的战争中才可能真正做到:魔高一尺,道高一丈。

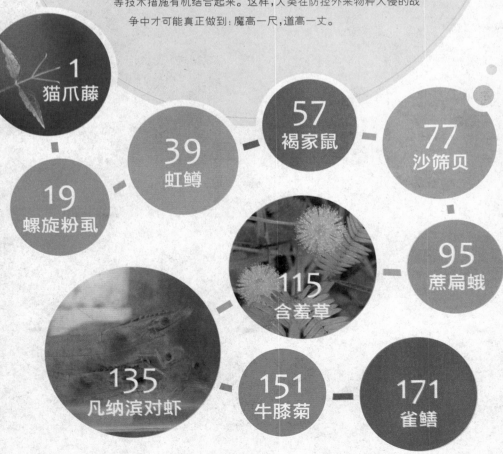

1 猫爪藤

19 螺旋粉虱

39 虹鳟

57 褐家鼠

77 沙筛贝

95 蔗扁蛾

115 含羞草

135 凡纳滨对虾

151 牛膝菊

171 雀鳝

猫爪藤

Macfadyena unguis-cati (L.) A.H.Gentry

　　想想当年猫爪藤刚刚安家落户的时候,美丽的风景曾经陶醉过多少过往的路人。随着时光的推移,环境的改变,抑或是因为人类管理不当,导致猫爪藤泛滥成灾,人们开始讨厌它、清除它。其中,我们人类应该吸取哪些教训呢?

不和谐的"音符"

　　鼓浪屿是我国东南沿海的一个小岛,那是一个令人无限向往的美丽的地方。它隶属于我国福建省厦门市,与厦门岛隔海相望。岛上清洁幽静,气候宜人,树木苍翠,繁花似锦,素有"海上花园"之美誉。由于历史原因,中外风格各异的建筑物在岛上被完好地保留,因此有"万国建筑博览"之称。众多的历史纪念馆、博物馆和优美的自然环境,使鼓浪屿成了集自然景观和人文景观于一体的著名旅游风景区。这里还是音乐的沃土,人才辈出,钢琴拥有密度居全国之冠,又得美名"钢琴之岛""音乐之乡""音乐家摇篮"。来到鼓浪屿,漫步在小路上,就会不时听到悦耳的钢琴声,悠扬的小提琴声,轻快的吉他声,动人优美的歌声,加以海浪的节拍,让人沉浸在音乐的世界里流连忘返。

　　行走在小岛之上,每个街道都是一道美丽的风景,每个角落都是一个动人的音符,伴着亮丽的风景和美妙的音乐,人们惬意地生活在这里。可是,从20世纪90年代开始,一种叫作猫爪藤的外来植物在鼓浪屿蔓延成灾,"绿色生态杀手"侵入了我们的"海上花园"。猫爪藤善于攀爬缠绕,侵入了这里的森林、果园、耕地、路边和河畔,爬上了大树、电线杆,也爬上了万国建筑物的墙壁。它用长长的茎藤编织了一个巨大的绿网,遮住了本地植物所需要的阳光,

有"海上花园"之美誉的鼓浪屿

与本地植物争夺养分,造成本地植物大面积枯萎死亡,严重损害了这里的生态环境和美丽的景观。

钢琴博物馆

猫爪藤编织的大网不单单网住了美丽小岛的植物,网住了人们欣赏美景的眼睛,网住了人们聆听音乐的耳朵,还网住了人们美好的心情。猫爪藤的出现,打破了小岛的宁静和美好,变成了一个不和谐的音符。它爬上"钢琴之岛"的"琴键"上,钻进了"音乐之乡"的"乐谱"里,让这里美妙的音乐多了一丝忧伤和惆怅。

长着"猫爪"的藤

猫爪藤竟然有那么大的危害能力,能让一个岛屿上的植物变得面目全非,那么它到底是怎样的一种植物呢?其实它并不是外貌丑陋、面目可憎的家伙,而是一种能开出美丽花朵的多年生常绿藤本植物,隶属于紫葳科猫爪藤属。猫爪藤属植物在世界上有21

猫爪藤

鹅黄色的花儿

种，我国仅此1种，也就是本文的主角，名为猫爪藤 *Macfadyena unguis-cati* (L.) A.H.Gentry。猫爪藤属植物特征相似，它们均为常绿藤本，叶轴顶端有3枚锋利的爪状钩，其形状如同猫的爪子，猫爪藤也因此得名。

我们再来梳理一下猫爪藤的形态特征：它属于常绿多年生攀援藤本植物，具有纤细平滑的茎。叶对生，小叶2枚，长圆形，顶端渐尖，基部钝。花单生或组成圆锥花序，有花2~5朵，被疏柔毛；花萼钟状，薄膜质；花冠钟状至漏斗状，黄色，近圆形，不等大。雄蕊4枚，两两成对；子房四棱形，2室，每室具多数胚珠。蒴果长线形，扁平。开花在4月，结果在6月。

猫爪藤自然分布在从北美洲的墨西哥、加勒比地区、中美洲，一直到南美洲的阿根廷一带，特别是在厄瓜多尔、哥伦比亚、委内瑞拉、秘鲁等国境内的亚马孙森林以及哥斯达黎加、危地马拉、巴拿马等中美洲国家的

知识点

藤本植物

藤本植物也叫攀援植物，是指茎部细长，不能直立，只能依附在其他物体（如树、墙等）或匍匐于地面上生长的一类植物。依照其茎的结构，它们可以分为"木质藤本"（如葡萄）和"草质藤本"（如牵牛）。如果根据其攀爬的方式，它们可以分为"缠绕藤本"（如牵牛）、"吸附藤本"（如常春藤）、"卷须藤本"（如葡萄）和"攀援藤本"（如省藤）。此外，还有一种特殊的藤本蕨类植物海金沙，它并不依靠茎攀爬，而是依靠不断生长的叶子，逐渐覆盖攀爬到依附物上。

绝大部分藤本植物都是有花植物。藤本植物可以节省用于生长支撑组织的能量，可以更有效地吸收阳光。即使不用攀爬，藤本植物也可以在地面上迅速蔓延，占据较大的地区。

蒴果

纤细平滑的茎和卷须

热带雨林地区最为常见。在许多具有热带和亚热带气候的国家,猫爪藤最初是作为观赏植物引进栽培的,它已经在许多国家变为归化种,比如美国、澳大利亚、佛得角共和国、肯尼亚、毛里求斯、密克罗尼西亚、新喀里多尼亚、纽埃、留尼汪、塞舌尔、南非、斯威士兰、坦桑尼亚、乌干达、瓦努阿图、印度和葡萄牙等地。在我国广东、福建等地有栽培,现在福建的已经逸为野生,主要分布在福州和厦门,尤其在鼓浪屿上已经泛滥成灾。

猫爪藤是多年生的木质藤本,茎的延伸速度较快,但是茎粗增长速度较慢。它较耐阴,能够潜伏生长在幽蔽或森林茂密的地方,幼年植株的耐阴能力比成年植株还要强一些。尽管原产地为热带,但它抗霜冻、抗旱,能够在多种类型的土壤中生长。

猫爪藤结实力强,在欧洲有过调查,猫爪藤的蒴果中含有的种子数一般为100~200粒,种子轻,而且具有像翅膀一样的结构,蒴果开裂后,种子可以随风进行远距离传播,很容易在裸地和植被稀疏的生境中定植生长。轻盈具翅的种子还可以通过水流进行异地传播,扩散蔓延。除了能够通过种子进行有性繁殖外,猫爪藤还可以通过其庞大

块根

的根系进行无性繁殖。猫爪藤的主根上会长出许多侧根,沿着侧根会形成块根,茎上的节点接触土壤时,也可继续长根并形成块根。因此,猫爪藤可以通过茎扦插来获得新的植株。猫爪藤的气生根也能形成块根,当这些块根从母体上分离后,就可以长成新的植株。

猫爪藤同时具有有性繁殖和无性繁殖能力,是它能够疯狂扩散生长的"法宝"。另外,在入侵地区,猫爪藤脱离了原产地天敌等的控制,所以生长快速,传播迅速。

缠绕攀爬的"秘密武器"

猫爪藤,从字面看,便知道它是一种藤本植物。藤本植物,也叫攀援植物,它们的茎部细长,不能直立,只能依附在其他物体,比如树木和墙体等才能直立生长。如果没有依附物体,它们便匍匐于地面上生长。

猫爪藤叶轴的顶端长有吸附能力很强、酷似猫爪的三枚小钩状卷须,可以沿着墙壁、石头、植物、屋顶或电线杆等物件向上攀爬

爬山虎

五叶爬山虎

藤本植物善于攀爬,热衷于拓展自己的生存空间,因而占用土地面积小,能够有效地实现垂直绿化,增加绿化空间,因此园艺师们经常选用藤本植物作为园林绿化的植物材料。如今城市化加剧,城市的地面被越来越多的钢筋水泥铸造的建筑物占领,留给植物生长的土地极度稀少。在这样的环境里,垂直立体绿化可以大大增加城市绿化面积,提高整体绿化水平。藤本植物由此大显身手,用它特有的本领装点城市的每一个角落,如今行走在城市的街道、公园,随处可以见到各色的藤本植物。在道路两侧的水泥护栏上、立交桥上、水泥建筑物的外墙上,都有爬山虎一类的藤本植物攀爬,它们把干巴巴的水泥灰色墙面变成了生机盎然的绿色。这种畅然的绿色落入你的眼睛,刺激着你的视觉神经,让你在水泥丛林一般的城市里行走时心情放松,不觉疲劳。而一些能够开出漂亮花朵的藤本植物,其受人们喜爱的程度无疑会大大增加,其利用率也会增强。例如公园里的长廊上面挂满了紫藤花、凌霄花,在公园里散步时,累了就停下来坐在挂满花枝的长廊里休息一会儿,凉爽而惬意。在家里阳台上种上几株牵牛花,缠缠绕绕的花花叶叶,让你的阳台多了几分色彩,也让你的居家生活不那么单调,充满生机。

藤本植物之所以能够攀爬生长,是因为它们具有攀爬缠绕的"秘密武器"。借助"秘密武器",它们不断向上攀援生长,并能超过自身在无支持物条件下生长时所能达到的高度。秘密武器不同,攀爬的方式也不同,牵牛花和猕猴桃通过幼茎旋转缠绕柱形支撑物,向上生长,这类植物称为缠绕藤本;而葡萄和葫芦科的黄瓜、丝瓜等是通过特化的卷须缠绕细线、铁丝或窄小的支撑物攀爬生长,这类植物称为卷须藤本;爬山虎借助吸盘攀援,凌霄花借助不定根攀爬,这类植物属于吸附藤本;省藤、蔷薇属和悬钩子属的植物,它们利用枝、叶上的刺,刺向林中树木的枝叶,依附于其他植物向上生长,这类植物称为攀援藤本或蔓生藤本。

　　猫爪藤具有两种"攀援武器":在叶轴的顶端长有吸附能力很强、酷似猫爪的三枚小钩状卷须,靠着钩状卷须,它可以沿着墙壁、石头、植物、屋顶或电线杆等物件向上攀爬。另外,猫爪藤的茎节处可以不断长出新的气生不定根,将植株牢牢地固定在支持物上,并使植株向上攀援。这两种结构可以说是确保猫爪藤向上攀爬生长的"秘密武器",茎顶端的钩状卷须不断开辟新的根据地,后面的茎节的不定根不断巩固后方战场,确保领地万无一失。这样一前一后,密切配合,才得以使猫爪藤不断攀登,不断扩大领地。

肆无忌惮

　　既然猫爪藤并非我国本土植物,那么它是怎么来到我国,怎样登上厦门鼓浪屿的呢?原来,它在我国的定居也与我们国家的命运是息息相关的。

　　19世纪30～40年代,西方资本主义国家携工业革命的雄风,蒸蒸日上。欧美列强为了扩大商品市场,争夺原料产地,加紧了征服殖民地的活动,中国的周边国家和邻近地区,陆续成为它们的殖民地或势力范围。1840年鸦片战争的爆发,便是英国旨在扩充殖民地而

猫爪藤的攀援

9

猫爪藤爬满山坡

发起的。在英军坚船利炮的威慑之下,清政府妥协退让,于1842年8月和英国签订近代史上的第一个不平等条约——《南京条约》,开放广州、厦门、福州、宁波、上海为通商口岸。从此,中国封闭的大门被打开,厦门鼓浪屿也随之迎来了众多西方列强的入侵。他们纷纷在岛上设立领事馆,大兴土木,创办教堂、学校、医院、洋行等。

厦门成为通商口岸之后,鼓浪屿成为西方国家的公共租界,猫爪藤就是跟随着侵略者的脚步而来的。但也有人认为,猫爪藤是新中国成立之前,由南亚的华侨引种而来。不管是怎么到来的,它们最初的身份都是栽培观赏植物。因为这种植物具有灵活生长的藤茎,能够攀爬在庭前屋后的各类物件之上,每当春天到来时,怒放的黄色花朵就布满了倾泻而下的绿色藤蔓。由于具有漂亮的外形,它很适合作为庭院篱笆和园艺观赏植物种植在庭院花园里。人们精心养护,细心修剪,而猫爪藤也很享受这样惬意的日子,一直以来默默地遵守着人类"画的圈",乖乖地生长在人们的视野中。但不知道从什么时候起,它开始厌倦"宅"在庭院里养尊处优的生活,于是挣脱了人们的束缚,从庭院中"逃逸",变为野生植物,并泛滥成灾。

猫爪藤攀上了植物

如今,猫爪藤在厦门经过100多年的潜伏,于最近二十几年间开始暴发;特别是在鼓浪屿,它已经成为尽人皆知的"明星植物",路边、树上、电线杆、围墙和房顶,随处可见它那飘逸的身影。它们利用特殊的攀爬本领在鼓浪屿猖獗肆虐,飞檐走壁,爬树上房,如门帘状挂满中西式小楼房的院墙,像蒙古包似的将树木团团包裹,形成连绵起伏的绿色地毯,无处不攀,无物不缠。

猫爪藤运用它们酷似猫爪的钩状卷须,深深抓住大树的"皮肤"向上攀爬,一旦爬上树顶有了足够的阳光后,生长速度更加迅速。猫爪藤长长的茎藤蔓延铺满整个林地,编织成绿色的"毯子",覆盖并抑制林下层其他植物的生长和种子的萌发,大大降低群落中的杂草数量。在鼓浪屿大德记浴场、燕尾山、升旗山等地区,猫爪藤茎、叶层层叠叠,构成厚厚的网状层,绿色的大网把其他乔灌木植物树冠全部遮盖,使受害树木无法进行正常的光合作用,最终导致成片树林及林下植物死亡,从而降低了当地的生物多样性,严重破坏了鼓浪屿优美的植被景观与生态平衡。此外,猫爪藤庞大的根系在土壤中与受攀爬植物的根系紧紧缠绕和交混,竞争土壤的养分。可以说猫爪藤从地

"飞檐走壁"的猫爪藤

上到地下,全方位侵占本土植物的生存空间,与本土植物争夺阳光和地下养分。另外,它们还用多年生的木质藤本缠绕高大树木,最终可导致被攀爬的大树死亡。如今,猫爪藤已成为鼓浪屿园林树木的一大公害,受猫爪藤为害的乔木和灌木有40多种,包括台湾相思树、榕树、菠萝蜜、笔管榕、盆架木、刺桐、圆柏、黄花夹竹桃、土密树和银桦等,其中受害最严重的是台湾相思树,其次是榕树。不少大树已经被为害死亡,甚至一些百年的古树也不能幸免,场面狼藉,惨烈不堪,有时难以辨认出受害植物是哪种类群。

猫爪藤在其他国家也有危害的报道,在美国的佛罗里达州、得克萨斯州、夏威夷州以及新英格兰各州也发现其踪迹,在南非北部残存的森林遭到了猫爪藤严重的侵袭,使得一些地带性植物退化。目前,整个南非的各个公园里都有猫爪藤入侵,所以进一步传播扩散的危险性很大。在澳大利亚,从东北部的新南威尔士州到东南部的昆士兰州都发现了猫爪藤,它可以迅速侵占森林和农场,有时可以"杀死"树木。在南太平洋的新喀里多尼亚岛,整个生态系统也处在猫爪藤的威胁中。

"三防"措施

猫爪藤抗性强,除耐盐能力差一些外,对光、温度、水、土壤等环境因子都具有很强的适应性,可以在多种环境条件下生长,比如公园、林地、庭园、墙壁、路边、石壁、石缝、屋顶、草地、山坡等。它可以生长在平地、山地、凹地、坡地,而且阳坡和阴坡均能生长。其攀援能力强,根系深且发达,一旦在新的地方安家落户,清除困难。对于日益泛滥的猫爪藤,人们也不断探索一些清除它的方法,主要包括人工清除、化学防治和生物防治三种措施。

猫爪藤的根系庞大,块根数量多,人工清除的时候,很难确定所有块根的位置,所以很难把块根清除干净。另外,猫爪藤庞大的根系与相邻植物的根系紧紧缠绕在一起,在清除时很容易损伤栽培植物,因此只能清除其地上部分。但即使植物的地上部分死亡了,地下部分仍然能够再萌生,而且猫爪藤再萌生的速度很快,所以人工清除很费时费力,而且效果并不明显。

化学防治也能取得一定的效果。在澳大利亚,人们把猫爪藤的藤条切断,在其基部切面涂抹草甘膦,草甘膦可以沿着藤条往地下部分输送,到达块根,从而杀死整棵植株。对
于再萌生的植株和铺满地面的猫

猫爪藤长长的茎藤织成厚厚的网状层,这个绿色的"毯子"把其他乔灌木植物树冠全部遮盖,抑制林下层其他植物的生长

13

14

猫爪藤

猫爪藤

爪藤,用喷洒的办法也可以取得一定的效果。由于草甘膦是一种广谱性除草剂,所以喷洒的时候很容易危害到栽培植物,而且化学防治还会造成环境污染、残毒和植被退化等一系列不可预测的生态后果。另外,对于野外成片猫爪藤采用化学防治时,其工作量很大,所需的费用也很高。

生物防治可谓是一种非常有效的措施,省时省力,又环保。目前,许多国家的生态学家正在携手合作,积极地寻找猫爪藤的天敌。科学家对巴西、阿根廷、巴拉圭、委内瑞拉和特立尼达岛实地调查,发现一些可能作为生物防治的昆虫。1996年,南非引进了一种龟甲科昆虫,其幼虫和成虫都能够吃猫爪藤的叶子。
高昆虫种群密度会引起猫爪藤叶片的大量
脱落和嫩芽的枯萎,通过对猫爪藤叶片
的大量伤害,使邻近的其他植物具有
更强的竞争力。而且,它对猫爪藤
有啃食专一性,它的释放不会对
其他植物造成威胁。因此,龟甲
虫被应用于猫爪藤的生物防治,在
一定程度上减轻了猫爪藤的危害,抑制了猫爪藤的进
一步传播。但是,这种防治方式并不能导致整棵植株
的死亡,只能抑制猫爪藤的扩散速度,所以不能将猫爪
藤从定植地清除。

　　想想当年猫爪藤刚刚安家落户的时候,庭前屋后
的栅栏上疏密有间地攀爬着常绿的茎藤,鹅黄色的花不
时从青藤间探出,美丽的风景曾经陶醉过多少过往的路
人。随着时光的推移,环境的改变,抑或是因为人类管理不
当,导致猫爪藤泛滥成灾,人们开始讨厌它、清除它。其实,我们
人类也应该从中吸取到一些教训。

(徐景先)

深度阅读

李振宇,解焱. 2002. **中国外来入侵种**. 1-211. 中国林业出版社.

卢昌义,张明强. 2003. **外来入侵植物猫爪藤概述**. 杂草科学, 2003(4): 46-48.

张明强,卢昌义,郑逢中. 2004. **鼓浪屿入侵植物猫爪藤危害状况研究**.
　　漳州师范学院学报(自然科学版), 17(4): 92-97.

徐海根,强胜. 2011. **中国外来入侵生物**. 1-684. 科学出版社.

螺旋粉虱

Aleurodicus dispersus Russell

天敌是螺旋粉虱自然控制中的一个重要因子,调查这些"天兵天将"的种类,有助于对这些天敌进行保护和利用。在当前螺旋粉虱的防治尚无法完全摆脱对化学药剂依赖的情况下,如何科学合理地协调化学防治与生物防治及其他防治措施,对于螺旋粉虱的可持续控制具有非常重要的意义。

神秘的螺旋图案

世界妙不可言,曲线无处不在。大自然的一切,无不映射出曲线的丰腴和柔美,向人们展示了曲线的神韵与风姿。早在17世纪末,一位英国画家就曾经说过:一切由曲线组成的物体,都能给人的眼睛一种变化无常的追逐,从而在心灵中产生愉悦。

在各种曲线中,螺旋现象在自然界中普遍存在,特别是在生命世界中。螺旋曲线是物质世界和生命存在、运行、演化的基本形态。从宇宙大爆炸形成的涡旋星云,到构成生命的DNA、人体骨骼、贝类、植物、兽角等无不呈现出螺旋曲线,甚至还包括许多动物的运动行为,如趋光鱼类围着光源巡游,蜜蜂寻找蜜源时的飞舞,鸟类产的蛋沿着输卵管旋转下行,精子在雌性动物的体内呈螺旋式前进,等等。可以毫不夸张地说,无处不在的螺旋是生物机体的基本形式,是生命存在的基本形式。它包含了许多内在的合理性和外在的美,也展现了自然选择的鬼斧神工。

当历史的脚步刚刚进入到21世纪不久,在我国美丽的宝岛——海南岛上出现了一桩奇事:在当地丰富多彩的各种热带植物的叶片上,出现了一个个奇特的螺旋形图案!这些图案就像是用白色的蜡笔绘上去的一样,不仅清晰、自然,而且美观、漂亮。

不过,当科学家对这些叶片上美丽的螺旋曲线进行了深入的

偕老同穴

螺

菊石

动物界的螺旋

20

探究之后，却再也没有心情来欣赏这些美丽的图案了。

　　原来，这些白色螺旋曲线并非天然形成，而是出自一位精巧的"画匠"之手。它采用瞒天过海的手法，制造了迷惑世人的假象。它并非海南岛原有的物种，而是来自国外的一种隶属于半翅目粉虱科粉虱亚科复孔粉虱属的危险性入侵害虫，它有一个艺术气息浓郁的名字——螺旋粉虱*Aleurodicus dispersus* Russell，在植物叶片上描绘螺旋形图案是它的看家本领。

　　螺旋粉虱属于食性广、危害重、传播快的外来入侵物种，目前已在我国海南岛蔬菜、果树、街道绿化树及观赏树木上造成严重危害。螺旋粉虱打出的是组合拳，第一拳是以成虫和若虫群集于叶背，刺吸汁液，几乎吸光了植物顶部叶片光合作用产生的大量养分；第二拳是阻止中层及以下的叶片进行光合作用，它们分泌大量蜜露，滴粘于叶面，诱发煤污病，致使这些叶片长期处于饥饿状态，提前黄化脱落。此外，大量白色蜡粉也会影响寄主植物外观，成虫及其分泌物随风飘舞常使人们感到厌恶和恐慌。

发动"闪电战"

　　螺旋粉虱的原产地是中美洲和加勒比地区。1905年，它首先在西印度群岛中马提尼克岛的番石榴上被发现和记录，但人们直到1957年才发现了它在其他地区的入侵。从那时起，它就一发而不可收，将自己的"画展"开到了美国、太平洋诸岛以及东南亚等地，并造成了这些地区严重的经济损失，因而受到了广泛的关注。

　　1978年，螺旋粉虱首

螺旋状的羚羊角

21

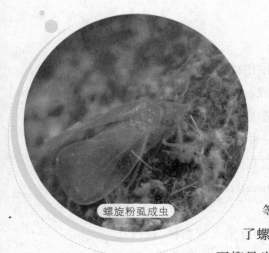
螺旋粉虱成虫

次在美国夏威夷州的瓦胡岛的榄仁树上"作画"，但到了1981年，夏威夷州的所有主要岛屿上都出现了它的"作品"。尤其是在海拔低于1000米的沿海地带，螺旋粉虱已经大量存在，多达64种植物成为其"画板"，包括椰子树、石榴和柑橘等。同年4月，在美属萨摩亚和关岛也发现了螺旋粉虱，其寄主包括很多观赏植物，并以番石榴最为偏爱。1983年，螺旋粉虱出现在菲律宾。

1985年它在马来西亚的沙捞越大暴发，寄主植物达16种，主要为害水果和蔬菜。1987年，巴布亚新几内亚也报道了它对番石榴和芒果的为害。1989年，它在印度尼西亚被发现，可为害大豆等14科22种植物。1993～1994年的旱季，印度发生了大规模的螺旋粉虱，这次遭殃的是木薯。在欧洲，螺旋粉虱于1992年在西班牙柠檬上大暴发，而且还危害到棕榈和香蕉。在非洲，螺旋粉虱于1992年首先在尼日利亚被发现，然后是多哥，1993年它又传播到贝宁和加纳，后来在

螺旋粉虱的寄主植物——木薯

螺旋粉虱的寄主植物——椰子树

刚果也有报道。到21世纪初,螺旋粉虱已扩散至亚洲、非洲、欧洲、美洲、大洋洲以及太平洋诸岛的大约50个国家和地区,尤其在亚洲和太平洋诸岛的热带、亚热带地区传播很快。

在我国,螺旋粉虱于1988年首先在台湾省高雄县大寮乡的番石榴植株上被发现,由于当时危害轻微,未受重视。但对于它来说,这正是一个"天时、地利、人和"的绝佳时机。螺旋粉虱在入侵之后迅速发动"闪电战",很快将战火烧遍台湾各地,每到一处都造成该地植物受损,包括蔬菜、果树、行道树及景观树种等,其攻击的目标达64科144种植物。2006年,螺旋粉虱首次出现在海南岛,继续发挥其"闪电战"的特长,在短时间内就扩散到全岛,给经济作物及园林绿化苗木造成了严重的危害,且有从绿化树、行道树向农田扩散的危险。由于它属

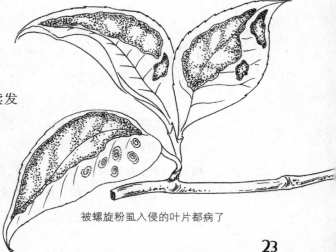

被螺旋粉虱入侵的叶片都病了

香蕉

芒果

棕榈

金腰箭

螺旋粉虱的寄主植物

于新入侵的外来害虫,年发生代数多,世代重叠明显,且在海南岛的发生规律及其生物学特性人们不甚了解,给防控带来了较大难度,对农业生产和生态环境构成了很大的威胁。在海南岛,螺旋粉虱的寄主植物多达49科97属115种(包括变种),其中大戟科寄主植物最多,其次为菊科和兰科。在这些寄主植物中,有行道树及园林花卉观赏植物72种,野生植物28种,果树、蔬菜及经济作物15种。虽然螺旋粉虱的寄主植物广泛,但主要集中在大戟科、菊科、兰科、豆科和锦葵科等植物上,如圣诞红、金腰箭、三褶虾脊兰、豆角及白背黄花稔等。由

此可知,虽然螺旋粉虱属于多食
性的害虫,但其对寄主植物有
一定的选择性。螺旋粉虱在有
些寄主植物上不能完成世代发
育,这为今后研制开发生物源
农药提供了一定的依据。

　　另外,人们还从螺旋粉虱发
动的历次战争中总结出了一些规
律。例如,安营扎寨的规律:螺旋粉虱
在树冠中下层叶片中较多,上层相对较少,
可能是因为植物的上层空间光线较为强
烈,温度较高,不利于它的繁殖;而中下
层温度较低且阴暗,有利于它的生存。

　　选择攻击目标的规律:当螺旋粉虱从
一个地方传入到另一个地方时,它的寄主
谱会发生变化,本来不是寄主的可能变成寄
主,甚至成为主要寄主。广泛的寄主谱,特别是
杂草寄主的广泛存在,让螺旋粉虱的根除几乎变为
不可能。

狗

猫

螺旋粉虱可以通过
动物携带来传播

　　行军作战的规律:螺旋粉虱的成虫飞翔活动可分短距离与长距
离两种。短距离飞翔通常指成虫由植株底部飞向顶部的纵向飞行和
飞向旁株的横向飞行;长距离飞翔指受外力(风、气流、紫外光)影响
或密度很高导致寄主植物营养不良而发育成分散型,借风或气流飘
飞或迁移至远距离。螺旋粉虱除靠成虫飞翔外,还可随寄主植物如
观赏植物、花卉盆景等迁移以及由动物(猫、狗等)携带,或者随人、
交通工具及落叶等传播。

　　螺旋粉虱是一种具有极高风险的外来入侵物种,据专家预测,
它在我国的最佳潜在适生区还有云南、广西、广东、福建等地,这些
地方都需要严阵以待,密切监视它的动向。

奇特的产卵习性

　　螺旋粉虱的生活周期可以划分为卵、4个若虫期和成虫期。在海南岛一年可以发生8～9代,且世代重叠。

　　它的卵粒散列成螺旋状或不规则形,卵粒上覆盖有白色的蜡粉,卵的一端通过一个丝柄与叶面相接,这个丝柄有固着与吸水的功能。卵长椭圆形,表面光滑,刚产下的卵呈无色半透明状。1龄若虫身体扁平,黄色透明,前端两侧具红色眼点,背部隆起,体背分泌少量絮状蜡粉。初孵化的若虫在蜡粉下爬行,寻找合适的取食场所,不久便固定在一处,通常多固定在叶脉处或附近,只要成功取食寄主的汁液,就固定在原来位置不再移动,一直到羽化为成虫。1龄若虫是螺旋粉虱整个若虫期间唯一能移动的虫态,此龄期的存活率在若虫期间最低。2龄若虫身体椭圆形,稍薄,黄绿色,前端两侧眼点转成褐色,后期身体变为钝厚,背部隆起。3龄若虫体与2龄若虫相似,但体形稍大且分泌蜡物较茂密。4龄若虫又被称作伪蛹,其体形呈盾状,黄绿色,与3龄若虫相似,但较厚实且硬,边缘齿状也较明显,体背有5对复合孔、前胸有1对,腹部3～6节各1对。成虫刚羽化时身体为黄

螺旋粉虱的卵

色半透明,成熟后不再透明。头部呈三角形,口器为刺吸式。触角为丝状,共7节,第2节上具2支长刚毛,第3、5、7节具有疣状突起感觉器,每个感觉器上嵌有一短刚毛。单眼一对,褐色,位于复眼上方。成虫腹部两侧具有蜡粉分泌器,初羽化时不分泌蜡粉,随成虫日龄的增加蜡粉分泌量不断增多。螺旋粉虱成虫不活跃,羽化当天不活动。从第二天开始,成虫活动具有明显的规律性:晴天多集中在上午活动,7:00~9:00为明显的活动高峰时段;阴天较少活动,活动时间较晴天晚且分散;雨天不活动。

变种

变种是在生物分类系统上设在种以下的分类单位。一般多用于植物,在动物分类上比较少用。变种在特征上与原种有一定的区别,产生了一些差异性变异,如花色、株形、叶形等,并有一定的地理分布。

　　螺旋粉虱具有孤雌产雄生殖和两性生殖两种生殖方式。成虫羽化的当天便可产卵,并且可以一直产卵到死。未经交配的雌虫只能产雄性后代,经交配的雌虫可产雌性或雄性后代。雄虫有拍翅求偶行为,在交配前,雄性首先展开双翅并不断扇动翅膀以吸引雌性,有时也会发生雌雄成虫同时扇动翅膀的现象。交配时雌雄成虫均静止不动,交配时间持续3~4分钟;交配结束后,雌雄个体分开,之后再行交配或静静地停在叶片的背面。新的交配行为可以在同一对雌雄个体间或不同雌雄个体间发生,雌雄个体一生均可发生多次交配。

　　螺旋粉虱具有选择寄主产卵的行为,目的是为了给子孙后代选择较为优越的生存环境。雌雄交配后,雌虫飞离原叶片,寻找产卵叶片,停于叶背面用口针刺探,如果是适合的寄主则在叶上产卵,否则便会离开。由此可知,螺旋粉虱是用口针刺探来判断寄主是否为嗜好性寄主。螺旋粉虱产卵时,先将口器插入叶片表皮下吸取汁液,再产卵,然后向外步行数步停下继续产卵,所产下的卵呈螺旋形分散排列,上面覆盖蜡粉,蜡粉具有保护、固着的功能,而且似乎可以作为成

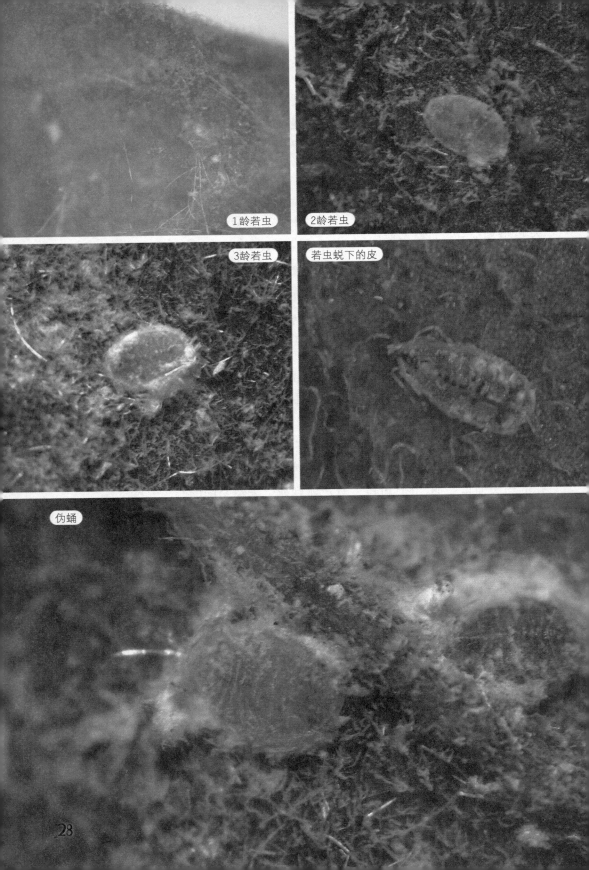

1龄若虫

2龄若虫

3龄若虫

若虫蜕下的皮

伪蛹

28

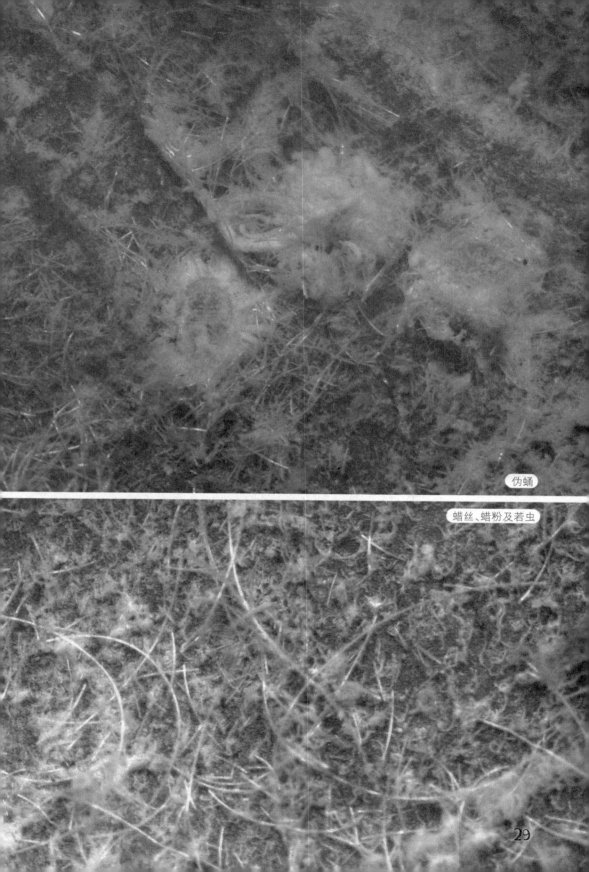

伪蛹

蜡丝、蜡粉及若虫

29

螺旋状的卵圈

虫产卵的标记,避免重复产卵,真是一举多得。卵圈的螺旋分为左旋和右旋,所产卵圈左右旋数量相当。卵多产于寄主植物叶片背面,部分产于叶片正面。成虫产卵时,边产卵边移动并分泌蜡粉,其移动轨迹即为产卵轨迹,单头雌虫典型的产卵轨迹为较规则的螺旋线,这就是植物叶片上出现螺旋曲线图案的奥秘所在。不过,当多头雌虫一起产卵时,它们的蜡泌物轨迹就会呈现纵横交错的网状了。

昆虫产卵决定了其后代的繁衍和种群数量的增长。产卵时产生的分泌物是昆虫生殖行为的重要环节,其基本功能与保护卵有关,不仅为卵的发育提供适宜的环境条件,也是昆虫与寄主间、昆虫与天敌间以及昆虫种间种内化学生态信息传递的重要物质基础。螺旋粉虱产卵时蜡泌物所圈定的范围可能是它具有领域行为的一个表现,其作用就像《西游记》中孙悟空用金箍棒为唐僧所画的那个圆圈一样。据观察，蜡泌物可限制初孵若虫向蜡圈外扩散，其中的芳香族酯类对初孵若虫有吸引作用。蜡泌物所圈定的叶片范围亦可拒绝一些植食性昆虫对叶片的取食，同时被蜡泌物覆盖的卵可免受一些螨类的捕食。

"天兵天将"需利用

螺旋粉虱自入侵我国海南省以来，由于寄主范围广泛，已经对我国的农林业造成了严重危害。为了控制它们的危害，化学农药的大量使用似乎是不可避免的。不过，这样做的结果是"伤敌一千，自损八百"，也会造成对螺旋粉虱天敌昆虫的大面积杀伤，从而降低天敌的自然控制力，进而引起螺旋粉虱的再猖獗现象。在非洲，由于螺旋粉虱造成的危害曾引起人们恐慌，结果当地人大量砍伐受感染的树

京剧中孙悟空的造型

木，并大量使用杀虫剂，使它的天敌也大量死亡，其结果反倒使螺旋粉虱的种群快速增长。

因此，在当前对螺旋粉虱的防治尚无法完全摆脱对化学药剂依赖的情况下，如何科学合理地协调化学防治与生物防治和其他防治措施，将对于螺旋粉虱的可持续控制具有重要意义。

事实上，天敌是螺旋粉虱自然控制中的一个重要因子，调查这些"天兵天将"的种类，有助于天敌的保护和利用。螺旋粉虱天敌种类很多，已记录的共有91种，其中捕食性天敌有81种，寄生性天敌有10种。科研人员在海南调查螺旋粉虱天敌的过程中，发现了一种方头甲——黑缘方头甲，是我国的一个新记录种，它的成虫和幼虫均捕

食螺旋粉虱。黑缘方头甲在海南分布较广,目前已知的分布区主要是海南三亚、文昌、那大等地,它的发现对螺旋粉虱的捕食控制具有重要的意义。

恩蚜小蜂是一类世界性分布的昆虫,已知有343种,主要寄生粉虱、盾蚧、蚜虫和鳞翅目昆虫的卵,是一类重要的天敌昆虫。在海南发现的哥德恩蚜小蜂也是我国的新记录种。它是螺旋粉虱的一种重要的寄生蜂,被不少国家和地区引入用于螺旋粉虱的生物防治。我国台湾省曾于1995年年底从夏威夷引进了海地恩蚜小蜂和哥德恩蚜小蜂,在此后3年间进行繁殖并在野外释放,不过只有哥德恩蚜小蜂在台湾定殖,而且抑制螺旋粉虱的效果不显著。有趣的是,海南并没有引入哥德恩蚜小蜂,但却发现它们在螺旋粉虱的若虫上活动。由于哥德恩蚜小蜂可随寄主引入螺旋粉虱的入侵地,如在非洲的贝宁、多哥、加纳和尼日利亚等,在有目的地引入哥德恩蚜小蜂等螺旋粉虱寄生蜂前,已在当地发现了哥德恩蚜小蜂等天敌。因此,海南的哥德恩蚜小蜂也应属于这种情况,即随螺旋粉虱一起带

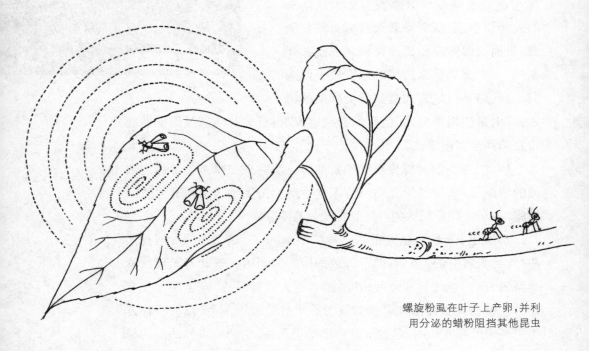

螺旋粉虱在叶子上产卵,并利用分泌的蜡粉阻挡其他昆虫

螺旋粉虱的天敌——草蛉

入的。目前,科学家正在注意监测哥德恩蚜小
蜂的寄生、分布和扩散的情况,研究是否有必要进行采集饲
养,并在适当的地点进行释放。

　　双带盘瓢虫与六斑月瓢虫对螺旋粉虱均有捕食作用。由于螺
旋粉虱已经传入我国的台湾和海南,并存在着在广东、广西、福建、江
西、云南有进一步入侵扩散的潜在风险,而六斑月瓢虫与双带盘瓢虫
在上述省区都有广泛分布,因此这两种瓢虫具有作为重要的捕食性
天敌应用于螺旋粉虱生物防治的潜力。其中,六斑月瓢虫是一种广
食性的害虫天敌,主要捕食粉虱类和蚜虫类的害虫,是螺旋粉虱的优
势天敌,可捕食它的各个虫态。科研人员已经在室内对六斑月瓢虫
进行人工饲养并繁殖成功。它也有望成为控制螺旋粉虱生防手段中
的一支"奇兵"。

　　草蛉在害虫生物防治中一直受到极大的关注,其防治对象包括
蚜虫、粉虱、害螨和鳞翅目害虫等。丽草蛉各龄幼虫均具有背负杂物
的习性,通常是将取食过的猎物的残壳背负于自己的背部,十分有
趣。这种行为被认为是借助伪装保护自己的一种手段,在其他种类

螺旋粉虱为害叶片

的草蛉中也能见到。因此，在接触螺旋粉虱若虫时，丽草蛉幼虫就利用双颚夹取螺旋粉虱的蜡粉背负于背部，并取食其若虫。丽草蛉初孵幼虫虽然也有背负杂物的习性，但由于个体很小，能够背负的杂物不多，因此趋向于取食那些蜡粉受到损伤的螺旋粉虱若虫。此外，它的2龄、3龄幼虫也能取食螺旋粉虱成虫，而3龄幼虫对螺旋粉虱若虫具有较强的捕食能力，可作为一种捕食性天敌在螺旋粉虱的生物防治中加以利用。

综合治理最重要

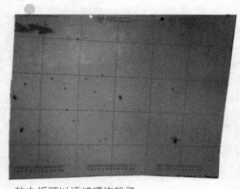

粘虫板可以诱捕螺旋粉虱

由于螺旋粉虱虫体密被蜡粉和蜡质，卵、若虫、伪蛹及成虫同时处在同一植株上，因此单纯依靠化学杀虫剂很难控制其种群数量扩增，进行综合防治势在必行。防治螺旋粉虱的物理方法有多种，包括水处理、彩色光源诱捕、嗜性植物诱捕、粘虫板诱捕等。在田间以每分钟12.5公升的水速，每两天处理番石榴叶背一次，连续处理4周，对成虫与若虫的防治都具有很好的效果。

做好螺旋粉虱的监测工作，寻找有效的监测手段尤为重要。灯光作为监测和防治害虫的重要工具，越来越受到人们的重视，已被广泛应用于生产，并取得了显著效果。利用彩色光源诱捕发现：浅桃红色光源诱捕成虫的效果较好，比荧光黄色光源效果好，红色、紫色又次之。

应用黄色粘虫板诱杀粉虱类害虫是害虫防治的一个常用方法。螺旋粉虱对黄色也具有强烈的正趋性，研究结果表明，在番石榴园利用黄色粘虫板诱捕螺旋粉虱成虫，黄板悬挂方向对诱捕效果有较大影响，悬挂在树冠中层外缘的南面诱捕效果最好，北向的黄板诱捕效果最差。悬挂高度对诱捕效果也有较大影响，以中心距地面0.8米的下层黄板为最佳，以中心距地面2.0米的上层黄板诱捕效果最差，诱捕效果随着高度的增加而递减。黄色粘虫板还可以应用于对螺旋粉虱的预测预报。

利用诱集植物防治和监测害虫，是一种传统且重要的农业技术，具有可持续和环保的优点。

由于植物源挥发油具有无毒无公害且不污染环境的特点，因此筛选出对螺旋粉虱有生物活性的植物源挥发油具有十分重要的意义。植物源活性物质来自于植物本身，污染小，可延缓害虫抗药性的产生。研究表明，飞机草和青葙提取物均

飞机草

青葙

含羞草

几种对螺旋粉虱有
生物活性的植物

曼陀罗粗提物对螺旋粉虱有触杀活性

对螺旋粉虱表现出很高的生物活性,也表现了较好的速效性和持效性,这些活性物质对防治螺旋粉虱可以起到一定作用。另外,艾蒿与含羞草均对螺旋粉虱3龄若虫表现出一定的生物活性,其中以艾蒿挥发油的活性最为显著。如果将它们开发成植物源杀虫剂,或以此活性物质为先导化合物,可为利用植物源活性物质防治螺旋粉虱提供新的思路。

印楝素、苦参碱和烟碱均是当前生产上常用的植物源杀虫剂,这3种杀虫剂均对螺旋粉虱具有较高的生物活性,在螺旋粉虱防治中具有较高的潜力,适合在生产上推广应用。

假蒟是隶属于胡椒科胡椒属的一种植物,国外主要分布于印度、马来西亚等热带国家,在我国广泛分布于南方热带地区阴暗湿润的山谷或密林树丛之中。假蒟的根、茎、叶以及果实中富含胡椒碱、细辛脑等多种活性物质,对多种农业害虫具有拒食、触杀、胃毒和熏蒸等生物活性。利用假蒟提取物配制成的制剂对人、畜安全,对环境危害小,可在农作物生产中实施无公害防治时作为重要的生防制剂。假蒟石油醚萃取物对螺旋粉虱若虫、伪蛹及成虫均具有良好的活性效果。

海南地处热带,高温多雨,冬暖夏长,气候条件优越,特别是在植物源杀虫剂开发利用方面,存在着极大的开发潜力。科研人员发现,有57种南药植物粗提物对螺旋粉虱成虫均表现出较好的触杀活性。其中长春花、艾纳香、刺篱木、薄荷、广藿香、曼陀罗6种南药植物粗提物对成虫的触杀活性在60%以上,活性最好的是长春花粗提物。因此,南药植物在防治螺旋粉虱方面有可能开发出具有应用价值的植物源活性成分。

（杨红珍）

深度阅读

万方浩,彭德良. 2010. **生物入侵:预警篇**. 1-757. 科学出版社.

张国良,曹坳程,付卫东. 2010. **农业重大外来入侵生物应急防控技术指南**. 1-780. 科学出版社.

虞国跃. 2011. **螺旋粉虱及其天敌昆虫**. 1-211. 科学出版社.

徐海根,强胜. 2011. **中国外来入侵生物**. 1-684. 科学出版社.

万方浩,冯洁. 2011. **生物入侵:检测与监测篇**. 1-589. 科学出版社.

符悦冠,吴伟坚,韩冬根. 2012. **外来入侵害虫螺旋粉虱的监测与防治**. 1-103. 中国农业出版社.

虹 鳟

Oncorhynchus mykiss Walbaum

虹鳟鱼的引入是为了满足人们的口福和促进经济的发展，因此对于它们是否能够构成外来物种入侵也就没有过多的关注。人们往往是直到出现危机之后才意识到问题的严重性。虹鳟的引种对我国水产养殖业的发展作出了重要贡献，不过，在我们大快朵颐，使味蕾得到愉悦的同时，是否要思考一下，怎样才能避免那些令人不快的后果呢？

"虹鳟鱼一条沟"

在北京，提起"虹鳟鱼一条沟"，那名气是相当地响。这条沟位于怀柔区雁栖镇，全长50千米，沟内绿树成荫，溪水潺潺，是以虹鳟鱼垂钓烧烤、果品采摘和自然风景等为特色的民俗旅游景点。

沟内道路旁，垂钓园、度假山庄依山而建，临水而居，通过多年的精心打造，这里逐步形成了以养殖、游钓、餐饮、加工、销售一条龙的产业格局，成为人们耳熟能详的"雁栖不夜谷"休闲观光渔业带。每逢节假日，"虹鳟鱼一条沟"总是热闹非凡，"虹鳟"招牌多得让人目不暇接，山溪边、山腰上，也都是围着饭桌开心聚餐聊天的游客。

的确，虹鳟鱼是这里的闪亮招牌。由于怀柔一带的山泉水源充沛，含有丰富的矿物质，最适合虹鳟鱼等冷水鱼的繁殖和生长。在泉水里生长的虹鳟鱼，肉质鲜嫩，皮脆刺少，无论是烧烤、侉炖、生吃鱼片或是其他做法，吃起来都别有一番滋味。

最原生态做法的整烤虹鳟鱼，不仅形状好看，而且外焦里嫩，再撒上孜然和辣椒面，味道更显浓郁。比较大的虹鳟鱼可以段烤，就是先切成大小合适的段，在酱料中腌制四五分钟后，再上火烤，由于增添了酱料的香味，味道更加丰富。近似西式做法的锡纸烤极富想象力，虽然配料简单，只有洋葱、姜丝和盐，但却更能体现虹鳟鱼本身的鲜嫩和清香。

　　侉炖是北方做鱼的一种普遍方法，就是先上糊、再油炸、最后炖，如此做出来的家常的美味，总会勾起人们一些儿时的记忆。不过，"虹鳟鱼一条沟"做的侉炖虹鳟鱼不用油炸，只将鱼焯一下水，再在锅里煸一下就可以炖了。这种做法最有农家的风采，看似每家都一样，可细细品起来，每一家的做法都不相同。这种味道上的微小区别，也许恰恰就是对食客的最大诱惑。

整烤虹鳟鱼

侉炖虹鳟鱼

　　红烧、炸鱼排和生鱼片等，也是这里常见的做法。事实上，并不是所有的鱼都能生吃，因为许多其他的鱼如果切成薄片就碎了，而虹鳟鱼却可以被切成近似透明的薄片，吃起来有脆嫩、爽滑的感觉，再加上精细的蘸料，味道就更鲜美了。

　　看到这里，你是不是觉得像是在读一篇美食指南或者是厨房宝典？千万别被美味迷惑了，现在就让我们慢慢揭开虹鳟鱼的面纱。

冷水鱼中的翘楚

　　说起虹鳟鱼你可能不太熟悉，但提起它的"堂兄弟"大麻哈鱼，你一定有所耳闻。虹鳟是隶属于鲑科鲑亚科的鱼类。鲑亚科是一个以盛产世界冷水性重要经济鱼类而著称的类群，包括大麻哈鱼、鲑鱼、红点鲑、哲罗鲑、细鳞鲑等，其中以大麻哈鱼最为有名。大麻哈鱼是动物世界中一种神秘和悲情的物种，一生中要经历两次几千千米的远航——从出生的江河奔向海洋，成熟后再溯河而上，回到自己的"故乡"去产卵。在它们的体内似乎潜藏着一种不可遏止的本能，世代相传，诱惑着它们去满足一次惨烈的流浪欲望。

成熟的大麻哈鱼进入河口后要到上游,有时还要飞越瀑布和堰坝等横在河流中的障碍物。这是对它们游泳能力的考验,必须有足够的力量冲出水面,才能跳过障碍物。它们"飞越"瀑布的行为,多少年来一直被赞为奇观。它们一到了淡水就停止摄食,所以自离开海洋进入江河以后,体重就渐渐地减轻。亲鱼到达产卵场后,首先要掘出浅洼,把卵产在洼中,受精卵则沉到洼底;之后,亲鱼还要用细沙砾把卵覆盖,并一直守候到孵化完成。大麻哈鱼的这种长征很有"壮士一去兮不复还"的悲壮,因为大多数个体都会在"长征"的途中死去,有的则被海雕、棕熊等天敌捕获。就算能够幸运地到达终点,因成功交配都已经筋疲力尽的大麻哈鱼,生命也走到了尽头。就这样,许多个体在完成了一生中注定的返乡之旅后,同时也把漂泊的灵魂托付给了梦中的故乡。

海雕是大麻哈鱼的天敌

虹鳟*Oncorhynchus mykiss* Walbaum是大麻哈鱼的近亲,所以它的长相也与大麻哈鱼十分相似,如侧扁的体形,圆钝的吻部前端具有较大而有些歪斜的口裂,上颌具有细细的牙齿。它的背鳍基部短,在背鳍之后还有一个小的脂鳍;胸鳍中等,末端稍尖;腹鳍则较小并远离臀

大麻哈鱼的洄游

鳍。与大麻哈鱼一样，虹鳟的鳞小而圆，身上也有不少鲜艳的色彩，其背部和头顶部为蓝绿色、黄绿色和棕色，体侧和腹部为银白色、白色和灰白色，在头部、体侧、体背和鳍部等分布着很多不规则的黑色小斑点。当它们性成熟时，沿着身体的侧线会生出一条呈紫红色或桃红色的彩虹带，一直到达尾鳍的基部，非常艳丽，"虹鳟"的名字也因此而得来。

棕熊也是大麻哈鱼的天敌

虹鳟十分追求生活品质，往往在山涧、河川、溪流等冷水中寻找这样一处地方，那里水质澄清——污染物少，溶氧较多——天然氧吧，流量充沛——人均资源多，沙砾底质——基础设施好，真是羡煞旁人！虹鳟属于高寒鱼类，原产地是在北美洲北部和太平洋东岸一带，包括美国、加拿大、墨西哥等国家。由于虹鳟外表美丽，很容易成为艺术家创作的对象。例如，在画家蓝丽娜创作的系列鱼的艺术作品中，虹鳟就是其中之一。她是第一位用漆画和油画来表现虹鳟鱼的画家，画中的虹鳟栩栩如生，情趣盎然，动中有静，静中有动，能使人在空灵美好祥和之中感受到禅的意境。

同样，由于虹鳟的美味，它也成为当地居民主要的食物之一。加拿大的营养专家在对北美洲爱斯基摩人的生活习惯进行研究后发现，每周吃两次虹鳟鱼就可以预防血栓病的发生。这意味着，对饱受心脑血管疾病等生活方式病困扰的现代都市人来说，吃虹鳟鱼满足的绝不仅仅是口福。

因此，人们对于如何利用虹鳟来发展经济，想尽了办法，而事实也证明，虹鳟在这一点上没有让人们失望。

从1866年开始，虹鳟被移殖到美国东部，后来陆续在欧洲、大洋洲、南美洲、东亚等地区人工养殖，现在已经成为世界上养殖范围最广的名贵鱼类，也是联合国粮农组织向世界各国推广的优质养殖品种。

虹鳟

现在,虹鳟的名声已经超过了它的"堂兄弟"大麻哈鱼,尽管它们出名的缘由大相径庭:一个靠着轰轰烈烈的故事成名,一个靠着实实在在的美味飞升。

即使离开自然山水,人工养殖的虹鳟仍然喜欢生活在水质清澈的水域。为了适应它的特点,人们一般都采用流水的养殖方式,适宜流速为每分钟12米左右。水流的刺激可以引起虹鳟的正常运动,从而加速它们体内的新陈代谢,增进食欲。由于虹鳟为吞食性鱼类,流动的水还可使饵料在水中漂浮时间延长,有利于虹鳟捕食,同时水流还可把池中的废物带走,更重要的作用是通过水的流动、交换,能给虹鳟不断输送清新、富含氧的水,以满足其对氧气的需求。

虹鳟对水温、溶解氧、水流、pH值、氨氮浓度、盐度都有一定的要求。

爱斯基摩人

它们生活的极限温
度为0～30℃,适宜生活温度为
12～18℃,最适生长温度为16～18℃,此时虹鳟
摄食旺盛,生长迅速,机体能够保持良好的新陈代谢状态;当水
温低于5℃或高于20℃时,食欲明显下降,生长受阻;水温达到24℃
以上时,它们就容易死亡了。

　　虹鳟的耗氧量较高,所以充足的溶氧对虹鳟来讲较其他淡水鱼
类更为重要。养殖的水中溶氧要求在每升6毫克以上。虹鳟的胚胎
发育也和水中溶氧密切相关,溶氧量高,其胚胎发育和卵黄囊的吸收
速度加快,而在低氧环境下速度则减缓,且孵出的仔鱼畸形发生率
增高。

　　虹鳟对盐度适应范围较广,既可以在淡水中生存,又能在海水
中生活,但从淡水到海水应有个过渡时间。

　　我国虹鳟引入的过程颇为传奇。据说,蒋介石初到台湾时不习
惯吃海水鱼,于是台湾当局便拨专款在台中县谷关建立了养殖场,
并从美国引进了虹鳟,派专人进行饲养,供蒋介石食用。因此,在台
湾,人们也把虹鳟称为"总统鱼"。

　　而在我国内地,虹鳟是1959年朝鲜领导人金日成访问我国时,
作为国礼赠送给周恩来总理而传入我国的,共有8000枚受精卵和
6000尾当年鱼种。由于这个缘故,虹鳟成为中朝人民传统友谊的象
征,被誉为"大使鱼"。

　　虹鳟来到我国后,首先在黑龙江海林市横道河子镇进行养殖并

取得成功。1963年，我国自行人工繁育成功。20世纪80年代末，虹鳟养殖进入快速发展阶段，现在已成为北方地区主要的冷水性鱼类养殖品种，遍布在北京、黑龙江、山东、山西、辽宁、吉林、陕西等地。

不过，虹鳟并非只有在北方才能生存，它们在浙江的新安江也同样能生存。新安江的虹鳟也是源于当年朝鲜的馈赠而特意在南方寻找的一个理想的家园。新安江的水温常年保持在14～17℃，刚好吻合了这种珍贵冷水鱼种苛刻的生长需求。由于这里有一江好水，新安江不仅成为虹鳟这一来自北美洲的国际名鱼的理想落户地，更

新安江

因这里拥有的良好生态环境，使得虹鳟得以繁殖生息，不断壮大，从而成了新安江水产业的一大特色。

隐秘的"入侵者"

　　由于虹鳟所具备的食用鱼的诸多优点，它被引入世界很多国家，成为当地的美味佳肴。但是，在它的身上，也具备外来入侵物种的诸多性质，因此不可避免地在一些地区成为了入侵物种。

养殖的虹鳟

　　有记载的鱼类引种可追溯到很早以前,我国的鲤鱼和金鱼分别在12世纪和17世纪作为食用鱼和观赏鱼引入到了欧洲。它们在原产地本来是具有一定的经济价值的,被引入欧洲的最初几年也确实受到了欢迎,但由于那时人们对于鱼类入侵还没有认识,引种后缺乏相应的管理措施,引入的鱼类被随意投入天然水体,之后又由于欧亚人民饮食习惯的差异,鲤鱼在引入地天然水体大量滋生,为其后来形成入侵物种提供了条件,从而对当地土著鱼类和水生植被造成了严重的损害。

　　虹鳟为游泳迅速的肉食性鱼类,在自然条件下它的幼体以底栖动物、浮游动物、水生昆虫为食;成鱼则以贝类、甲壳动物、鱼类等为食。在人工养殖条件下,虹鳟经驯化改变了其固有的食性,已成为杂食性鱼类,能很好地适应和取食人工投喂的配合饲料。但是,如果回归野外,它们仍然能够恢复摄食凶猛的习性,成为掠食性鱼类。虹鳟全年均可摄食,甚至产卵期间也照常捕食。每天早晨和黄昏,食欲最旺。它们一旦逃逸到野生水体中,那里的底栖动物、幼鱼以及浮游动物将遭到毁灭性的捕食。

已有证据表明，在日本北海道的溪流河道中，就是由于逃逸到野外的入侵物种——虹鳟，对当地土著物种——马苏大麻哈鱼幼苗的捕食，引起了马苏大麻哈鱼数量的下降。

我国虹鳟的养殖方式主要是流水养殖，其次为水库网箱或坝下河道网箱等养殖方式，尚未有进行天然水域养殖的情况。但是，虹鳟个体逃逸并对当地土著鱼类造成危害的情况却已有发生，在一些低温水库中似乎已形成自然种群。

虹鳟属于性成熟较早的鱼类，雌鱼3龄开始性成熟，雄鱼为2龄。它每年产卵一次，产卵所需要的水温在4～13℃，最适产卵水温为8～12℃，它是决定虹鳟产卵期的主要因素。一般而言，水温较高的地区如北京、山西等地，于11～12月产卵；而水温相对较低的地区如吉林、黑龙江等地，于每年的2～3月产卵。虹鳟的

外来物种和外来入侵物种

外来物种是指在一定的区域内，历史上没有自然分布，而是直接或间接被人类活动所引入的物种。当外来物种在自然或半自然的生境中定居并繁衍和扩散，因而改变或威胁本区域的生物多样性，破坏当地环境、经济甚至危害人体健康的时候，就成为外来入侵物种。

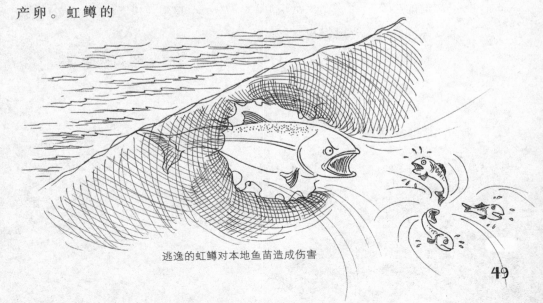

逃逸的虹鳟对本地鱼苗造成伤害

49

金鱼

鲤鱼

金鱼和鲤鱼是最早有记载的鱼类引种

怀卵量因其遗传因素和营养状况而有所不同，一般一尾3龄雌鱼一次怀卵量可达1000～7000粒。天然产卵场在水质澄清、具有石砾底的河川或支流中。雌鱼、雄鱼同掘产卵坑，雄鱼保护领地。它的卵呈淡黄色、橙黄色、橘红色或红色，为沉性，在自然界中埋在石砾中孵化。水温12℃时，26日孵出；6℃时，70日孵出。刚出生的仔鱼体长在15毫米左右。

这样的繁殖特点使得它们若有机会逃逸到野外，即可在短时间内增加种群数量，迅速挤占本地鱼种的生存空间。近年来，在我们的母亲河——黄河上游干流水域建立自然种群的虹鳟，已经通过种群的快速增加而抢夺土著鱼类的饵料、栖息空间和产卵场等，对土著鱼类的生存造成了严重的威胁。一些土著鱼类，如厚唇裸重唇鱼、花斑裸鲤等的生存已经岌岌可危。

三"毒"齐发

如果看了上面的一些理由,你还没有觉得虹鳟一旦成为入侵物种会有多大的危害的话,那么,你如果知道它所携带的三种病毒性疾病,就会感到不寒而栗了。

在水生生物入侵的同时,另外一个不容忽视的影响是其可能携带一些疾病,尤其是病毒性传染病。这些疾病的病原体在这些水生生物的帮助下,形成了协同入侵,从而造成了更大的生物入侵危害。虹鳟则不幸成为了这方面的一个典型例子。

在引进虹鳟的同时,三种严重的传染性疾病也被带入我国,不仅给部分地区虹鳟养殖业造成严重危害,也由于不同地区间频繁的调苗运卵,使危害蔓延,给更多的水产养殖带来威胁。

第一种疾病叫作病毒性出血性败血症(VHS),也叫鳟鱼腹水病、埃格特维德、肝肾肠道综合征、流行性突眼病、出血性病毒败血症等,是一种以暴发性流行为主的严重的致死性传染性疾病,常引起鲑科鱼类和多种海水鱼类发病,包括虹鳟和大菱鲆、鲈鱼、漠斑牙鲆、褐鳟、茴鱼、白鲑、大西洋鳕鱼等,死亡率高达90%以上,能够对水产养殖业的发展造成巨大的经济损失。

引起VHS的病毒的传染性极强,可随鱼的粪便、精卵液等排出,再通过水体被其他鱼类所吸收。这种病毒也能通过污染了的饲料传播。通常当水温10℃或稍低时,VHS在虹鳟稚鱼及1龄鱼群中流行,急性流行时各种年龄的虹鳟均可患病。

过去VHS主要流行于欧洲一些国家。比利时、保加利亚、捷克、丹麦、德国、法国、意大利、挪威、波兰、瑞士、瑞

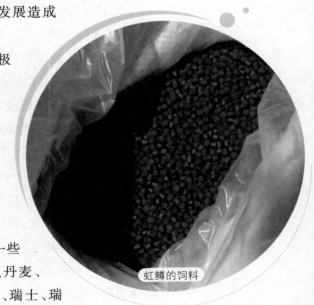

虹鳟的饲料

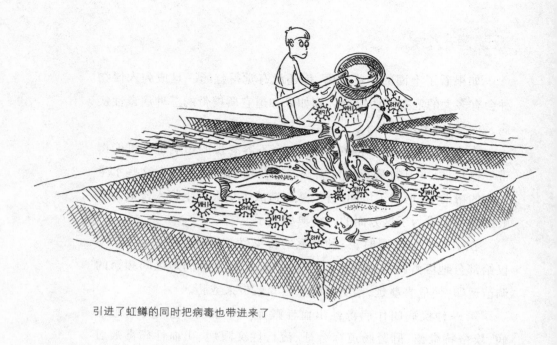

引进了虹鳟的同时把病毒也带进来了

典、苏联均有报道。近年来,随着水生动物及其产品进出口贸易的急剧增加,VHS已经传入我国,并在我国局部地区流行。它在国际动物卫生组织(OIE)和我国进境动物一、二类传染病名录中均被列为必报疫病。由于没有商用疫苗,甚至缺乏有效防控措施,VHS一旦在我国引起暴发流行,无疑将给水产业带来重大威胁。

第二种疾病叫作鲑鱼传染性胰脏坏死病(IPN),是鲑科鱼类的一种高度传染性的急性病毒疾病,其主要病症是胰脏坏死。这种疾病的病毒(IPNV)颗粒呈六角形或近似圆形,可以在多种冷水性鱼类的细胞株中增殖,并使细胞产生病变。它是极其严重的一种世界性鱼病,主要危害虹鳟、银鲑、大西洋鲑、大菱鲆和大西洋鳕等十余种常见养殖鱼类的鱼苗和幼鱼,3~4月龄的幼鱼受影响最大,死亡率在90%以上。发病后残存未死的,可数年以上直到终身成为带毒者,并通过粪便、鱼卵、精液排出病毒,继续传播。

这种病的潜伏期约为6~10日。感染初期生长发育良好,发作时外表正常的鱼苗死亡率骤然升高,并出现突然离群狂游、翻滚、旋转等异常游泳姿势,随后停于水底,间歇片刻后重复上述动作。染病末期鱼体变黑,眼球突出,腹部明显肿大,并在腹鳍的基部可见到充血、出血,肛门常拖一条灰白色粪便。

IPN于1940年首次发现于加拿大的鲑科鱼,其后美国的河鳟也患上了这种疾病,后来在智利、英国、日本、南非等国家都发生了流行。目前,这种疾病的病原已遍及欧洲、亚洲和美洲等广大地区。自然感染的范围不只限于鲑科鱼,也包括从低等的圆口动物七鳃鳗直到高等的硬骨鱼的其他鱼类。此外还有贝类、甲壳类以及鱼类的寄生吸虫等其他水生动物。但它们的发病率远远低于鲑科鱼,大多数为无症状的带毒者。

20世纪80年代,我国台湾、山西、山东、甘肃和东北各地的虹鳟养殖地区,均发生过这种病的急性流行。随着进出口贸易的急剧增加,IPNV已经成为世界各国口岸水生动物及其产品的重要检疫对象之一。

第三种疾病叫作传染性造血器官坏死病(IHN),也是一种毒力很强的急性、全身性的严重传染病,常发生于虹鳟和其他鲑科鱼的鱼苗和种鱼中,包括硬头鳟、大鳞大麻哈鱼、红大麻哈鱼和大西洋大麻哈鱼等,具有广泛的宿主范围。虹鳟感染这种疾病后,其死亡率可因其品系的不同而有所差异,对鱼苗或幼鱼的危害较大,死亡率高达70%～90%,甚至100%。

虹鳟

"虹鳟鱼一条沟"内的鱼塘

　　IHN病毒侵染的主要靶器官是肾造血组织。这种病毒在稚鱼和幼鱼之间水平传播是最主要的传染方式,其主要通过接触被病毒污染的水、食物、带毒鱼排泄的尿、粪便等而感染。它暴发时,首先出现稚鱼和幼鱼的死亡率突然升高。受侵害的鱼通常出现昏睡症状,不愿活动并避开水流;但也有的鱼表现狂暴乱窜、打转等反常现象。有人还曾从一种蜉蝣的体内中分离到了IHN病毒,因此蜉蝣也可能是该病的传播者之一。

　　IHN在世界范围广泛流行,最初于20世纪40~50年代在美国西北部太平洋地区的一些养鱼场发现,并流行于这一地区养殖场的鲑科稚鱼、幼鱼中,后来在欧洲和亚洲的日本、朝鲜也曾检测到这种疾病的病毒。它也给世界鲑鱼的养殖业造成了巨大的经济损失。IHN已被国际动物卫生组织(OIE)列为必须申报的疾病,是鱼类口岸第1类检疫对象,被我国列为2类疫病。1988年,我国在东北地区各虹鳟养殖场陆续发现IHN病毒,后来又在深圳和北京的2个水产养殖场的牙鲆、虹鳟以及从美国进口的匙吻鲟的卵中也检测到这种病毒的存在。随着我国虹鳟养殖业的不断发展,大量引进虹鳟种苗及其鱼卵等,IHN的传入已不可避免。

虹鳟

　　虹鳟鱼的引入是为了满足人们的口福和促进经济的发展，因此对于它们是否能够构成外来物种入侵也就没有过多的关注。人们往往是直到出现危机之后才意识到问题的严重性。虹鳟的引种对我国水产养殖业的发展作出了重要贡献，不过，在我们大快朵颐，使味蕾得到愉悦的同时，是否要思考一下，怎样才能避免那些令人不快的后果呢？

（倪永明）

深度阅读

梁玉波，王斌. 2001. 中国外来海洋生物及其影响. 生物多样性，9(4): 458-465.

田家怡. 2004. 山东外来入侵有害生物与综合防治技术. 1-463. 科学出版社.

潘勇，曹文宣，徐立蒲等. 2005. 鱼类入侵的生态效应及管理策略. 淡水渔业，35(6): 57-60.

李芳，张建军，袁永锋等. 2008. 黄河流域鱼类引种现状及存在问题. 安徽农业科学，36(34): 15024-15026.

徐海根，强胜. 2011. 中国外来入侵生物. 1-684. 科学出版社.

褐家鼠

Rattus norvegicus Berkenhout

　　黄鼬、鹰、猫头鹰、蛇类等鼠类天敌的存在,减少了鼠类对农作物和人类的危害,对防止鼠害大暴发,防止疾病的传播,维持生态系统中的物质循环和生态平衡等方面都起到了重要的作用,称得上是人类的益友。但由于砍伐森林和环境污染,使鼠类天敌的数量在不断减少,所以人类应该更多地关心它们的处境,努力改善它们的生存状况。

"巨鼠"肆虐

2013年，由于伊朗首都德黑兰鼠患猖獗，人鼠之间俨然已经演变成为了一场战争。据报道，当时德黑兰大约有2500万只老鼠，这个数字甚至超过了当地的人口数。而且，这些老鼠似乎产生了某种基因突变，最大能够长到40厘米，体重猛增至4~5千克，甚至比一般的猫还要大，且极具攻击性。有人说这可能是由于辐射或者化学品影响的结果。

面对"巨鼠"肆虐，伊朗当局先是投放化学药剂加以控制，但不久老鼠就出现耐药性。无奈之下，伊朗当局出动了一支由10名狙击手组成的"精英狙鼠队"进行射杀。这支训练有素的精锐部队利用安装了远红外线夜视镜的狙击步枪，本着"看见一只消灭一只"的精神，不久就在黑夜中干掉了2000多只巨鼠，可谓战功赫赫。

在1998年上映的美国科幻大片《酷斯拉》中，一只受到核爆试验影响而变得巨大的蜥蜴攻击了日本的渔船，被日本船员称为"酷斯拉"。"巨鼠"肆虐德黑兰的消息传出之后，人们惊呼，《酷斯拉》中的剧情看来成为了现实！

伊朗当局出动了一支"精英狙鼠队"，利用安装了远红外线夜视镜的狙击步枪，对"巨鼠"进行射杀

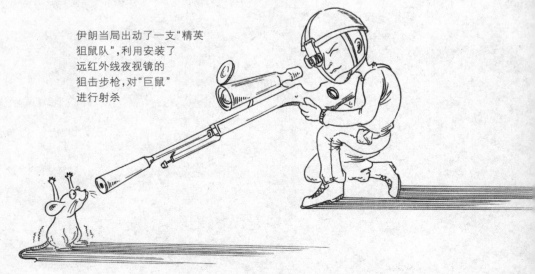

"巨鼠"其实在我国古代也有记载：明朝万历年间，皇宫中有老鼠，大小和猫差不多，危害极为严重。皇家从民间找遍了好猫来捕捉老鼠，但都被老鼠吃掉了，后来恰好有外国进贡来的狮猫，极富智慧和斗争经验，才终于取得了胜利。

褐家鼠标本

　　自古至今，一直有人认为，故事中所述的大得像猫的老鼠纯属夸大。但它却在今天的伊朗以及德国、英国等欧洲和北美洲的许多地方得到了证实。

　　在英国，频频出现的"变异鼠"不但对鼠药产生了免疫力，而且它们不再怕人。这些"变异鼠"从抖动的腮须到丰满圆滚的屁股，长度可达60厘米！它们的利齿能咬穿混凝土建筑，大白天就旁若无人地在大街上大摇大摆地钻来钻去，甚至会傲慢地向清洁工举起两只前腿，像争夺奶油巧克力一样，争抢行人扔到地上的垃圾。

　　在德国，"变异鼠"不仅忙坏了对付它们的科研人员，也让原来污水处理厂的工人们获得一项新任务：用吃剩的比萨饼、面包屑做诱饵，在各处下水道口等待，专门查找在下水道生存的"变异鼠"前来觅食。一场"人鼠大战"在德国的大街小巷展开。但是，工人们发现，这些鼠药对老鼠来说似乎没有任何作用。科研人员表示，有些老鼠已经对常用的鼠药产生了耐药性，甚至有些老鼠的DNA已经发生了变异，这些"变异鼠"的身体所具有的抵抗力让它们甚至可以把老鼠药当作"零食"来吃。

　　其实，这种"人鼠大战"在我国也有上演。在我国南方的长沙、广州和北方的北京等地，也都出现过具有耐药性的"超级变异鼠"。这种具有耐药性的老鼠非常警觉，它们不但拒食老鼠药，而且老鼠药对它们也没有起到应有的作用。

"身怀绝技"的鼠辈

在伊朗肆虐的老鼠其实就是最有名及最常见的老鼠之一——褐家鼠Rattus norvegicus Berkenhout，也叫沟鼠、大鼠、挪威鼠、大家鼠、白尾吊、粪鼠等，在分类学上隶属于哺乳纲啮齿目鼠科鼠属。褐家鼠体形粗壮而长大，成年鼠一般体长15～25厘米，体重220～280克。它的鼻端圆钝，耳壳短而厚，生有短毛，向前折不能遮住眼部。尾长明显短于体长，尾上有清楚的鳞环，鳞环间有较短的刚毛。后足较粗大。雌鼠有乳头6对：胸部2对，腹部1对，鼠鼷部3对。它的毛色变化与其年龄、栖息环境有一定的关系，身体背面的毛色一般有棕褐、灰褐、棕灰、棕黄等颜色，毛基部深灰色，头及背部杂有黑色，老年个体通常为赤褐色；腹毛一般为灰白色，毛基部灰色；足背具白毛。后足趾间具一些雏形的蹼。尾的上面为黑褐色，下面为灰白色，有时上下两色不甚明显，几乎全为暗褐色。幼体毛色较成体深，背毛近乎黑褐色。偶尔，褐家鼠也有全身白化或黑化现象。

褐家鼠属于世界性分布，凡是有人类居住的场所几乎都有它的

家禽养殖场

踪迹。它的栖息地非常广
泛，主要在城乡住宅、仓库及
其附近的田野里，特别是住宅墙

褐家鼠标本

根屋角、厨房、畜圈、厕所、垃圾堆、下
水道、阴沟、荒地，并会随着季节和作物的成长迁居到附近的
耕地、菜地、沟边、路旁、河堤等处。褐家鼠有群居习性，在族群里有
明显等级制度。其种群数量城镇多于农村，是饲料厂和养殖场的头
号害鼠。在毗邻农田的饲料厂和养殖场，有季节迁移现象，每年3～4
月间，有一部分个体由室内迁往室外，10～12月又迁回住宅内。褐家
鼠对水较为苛求，栖息环境必须要有水源，因其善于游泳，常利用阴
沟和管道进入建筑物。它虽然昼夜活动，但以夜间活动为主，特别是
在黄昏后和黎明前。

褐家鼠行动敏捷，行动时多沿墙根壁角。像一名杂技演员，它
可在水平或垂直的电线、绳索、暖气管、电缆线上行走，也可在表面
粗糙的砖墙上笔直向上爬行。成年褐家鼠可跳跃的高度达77厘米以
上，向外向下跳跃距离达2米以上。它是游泳好手，不论是在水面或
水下游泳都极为擅长。在平静的水面可以游800～1000米，在35℃的
水池中可以游上50～72小时，在水中1次可憋气30秒钟。它会潜水捕
鱼，也可轻易潜越厕所的反水弯。

褐家鼠听觉敏锐，对超声波尤为敏感。它能发出不同频率的声
波，进行社群通信和定向。例如，打斗时的尖叫声的主频和振幅最
高，是弱势个体惨败时声嘶力竭的叫声；堵挡在通道口时发出的沙
哑的叫声主频最低，这种叫声可能有驱赶作用，听到这种叫声的个体
随即产生向后退却的反应；而面对强势个体的叫声的振幅最低，其
平均主频与单个个体见到人时的叫声相近，且音图结构也最相似，均
具有清晰的多谐声纹结构，可能都与恐惧状态有关。

不过，褐家鼠的视觉极差，不仅不能分辨颜色，而且视觉成像不

小鱼

小虾

蜗牛

蔬菜

水果

粮食

褐家鼠的食性广而杂

干果

62

清晰，但对光的刺激十分敏感。在黑暗中行走时，它总是以触须和一侧体毛触及墙侧面或地面，借触觉刺激来定向。它的记忆力较好，警惕性高，在活动期间遇到惊扰，立即隐避，对环境的变化更是很敏感，如遇新出现的物体，即使是食物也常回避一段时间，产生所谓新物反应。它的嗅觉也极为发达，可以通过排出的尿液、生殖腺分泌物，在活动范围内留下标记嗅迹，建立一定势力范围，并根据这些嗅迹分辨家族成员和寻找配偶。

褐家鼠的掘土挖洞能力很强，常筑巢于建筑物基部和树根下，在土木结构的房屋内可筑巢于墙内和地板下。它常会挖出大规模而复杂的地洞系统作藏身之所。地下洞最深可达1.5米，洞道不但深而且分叉多，一般一个巢窝2~4个洞口。洞口处有颗粒状的松土堆，洞内有呈碗状的巢窝，窝内多利用破布、烂棉絮、兽毛、废纸或者稻草、杂草、粟黍茎叶等物做铺垫；田野筑巢以稻谷、稻草和杂草茎叶为铺垫材料。

褐家鼠食性广而杂，几乎包括所有的食物以及垃圾，不仅吃各种粮食、肉类、水果、蔬菜、饲料等，也吃蜗牛、昆虫、小鱼虾等小动物，有时亦捕食蛙类，尤其喜食多汁而含脂高的油性食物，甚至粪便都可作为食料。它还能吃许多不可食用的物品，诸如润滑油、蜡烛、肥皂等，还有铅片、松软的混凝土、砖块、木材和铝制品等。日摄食量可占其体重的10%~20%。在觅食困难时，褐家鼠可残杀同类，甚至向人和其他动物进攻。

润滑油

褐家鼠门齿锋利如凿，咬肌发达。它的啃咬能力极强，可咬坏铅板、铝板、塑料、橡胶、质量差的混凝土、沥青等建筑材料，对木质门窗、家具及电线、电缆等具有极大的破坏力，

木材

甚至损毁房屋,造成巨大经济损失。不过,它对钢铁制品及坚实混凝土建筑物等也无能为力。

褐家鼠繁殖力特强,条件许可的话,全年任何时间均可进行繁殖,一般高峰在3~9月。一只雌鼠每年最多可生产6~8胎,依环境的不同而有差别。雌鼠受孕后20~22天分娩,产后即可再次受孕,每次生产的幼鼠数量最多可达16只,但一般为5~10只。雌鼠在繁殖期性情比较暴躁,为保护幼鼠,常与雄鼠分居生活。

刚刚出生的褐家鼠全身裸露,呈粉红色,皮肤有皱纹,半透明;脐部有疥痕突起;眼睑上下不分明;耳壳紧贴颅部。2~3日龄时,其背部呈淡红色,眼睑上下形成不明显的眼裂。4~5日龄时,其背部有轻微褐色素,耳壳明显与颅部分离,并开始竖起。6~7日龄时,其背部有明显的淡褐色素,嘴须长出,外耳孔形成。8~10日龄时,其毛被已长齐,头部和背部为黑褐色,尾部、腹部呈灰褐色,耳壳直起,眼睛突出,上下眼睑之间形成一条黑色眼裂,下门齿开始长出。11~13日龄时,头部、背部黑色素明显,耳壳明显,耳孔开裂,嘴须明显,上下门齿均长出,眼裂明显。16日龄时,头部、背部可见黑褐色细毛,有的已开眼。17日龄时,全部开眼,头部、背部和尾部被黑褐色细毛,腹部为灰白色细毛。20日龄时,外部形态已接近成年鼠。

褐家鼠的初生鼠移动时不协调,通常侧卧。4~6日龄能翻身,7~18日龄能在巢内慢慢爬行。在此期间,雌鼠除哺乳外,还将食物拖入巢内,咬碎后饲喂幼鼠。19日龄以后,幼鼠有时跟随亲鼠离巢出洞活动,但很快会被亲鼠拖回巢内,这是亲鼠的一种护幼行为。22日龄时,幼鼠的活动能力大大增强,能自由活动,亲鼠也较少阻止其出巢活动;而幼鼠活动多跟在亲鼠的后面,似模仿学习阶段,且开始取食、饮水,但其特点是从巢内迅速跑到取食处或者饮水处,快速取食后立即跑回巢内,此过程会连续多次进行。幼鼠的断奶时间大概在22～25日龄之间,这时亲鼠再没有拖幼回巢的行为,并疏远幼鼠,有时甚至会攻击幼鼠。25日龄后,幼鼠开始独立生活,不再依赖亲鼠。

　　褐家鼠80～90天就能达到性成熟,生殖能力可保持1.5～2年。它的最高寿命是3岁,但一般寿命仅有1岁。

扩散到全球的"挪威鼠"

　　褐家鼠有一个奇怪的名字——挪威鼠,在这次伊朗"巨鼠"事件的报道中,媒体也大多使用的是这个名字,并认为挪威鼠是通过货船从国外进入伊朗的。关于褐家鼠来自挪威的说法非常普遍。例如,曾在瑞典北部城市基律纳肆虐的几千只老鼠也被认为是随着运入该市的挪威垃圾进来的,因为每年基律纳市的垃圾厂要接受并处理2.5万吨的挪威垃圾。

船只是褐家鼠传播的工具

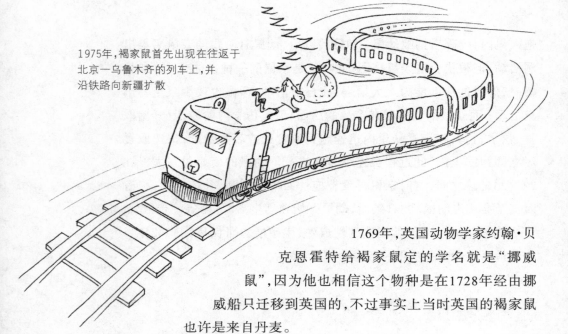

1975年,褐家鼠首先出现在往返于北京—乌鲁木齐的列车上,并沿铁路向新疆扩散

1769年,英国动物学家约翰·贝克恩霍特给褐家鼠定的学名就是"挪威鼠",因为他也相信这个物种是在1728年经由挪威船只迁移到英国的,不过事实上当时英国的褐家鼠也许是来自丹麦。

褐家鼠其实起源于亚洲的温带地区,这种伴人动物随着人类活动而不断侵入新的生境。18世纪初,褐家鼠从它们的起源地出发,随着人类活动及城市化的扩展,蔓延到了西伯利亚,并且在1727年游过了伏尔加河进入了欧洲西部,并且随后在英国出现。随着商业和军事航海事业的发展,它们在欧洲又借助人类的海上运输能力逐渐扩散到遥远的港埠,其中到达美国的时间为1775年,此后便以更快的速度向世界各地散布。铁路运输业兴起之后,褐家鼠又从沿海城镇向大陆的深部广泛移居,至今除极地、一些海岛和严酷的大陆性荒漠地带之外,褐家鼠几乎遍布全球。

有趣的是,虽然褐家鼠的起源地就在我国北方邻近的地区,但我国的褐家鼠却是从东南亚一带由外轮传入的。目前,我国只有西藏地区可能尚无褐家鼠的分布。但随着铁路的建设,褐家鼠必然遍布全国。

其实,新疆原本也没有褐家鼠,西北的干旱区起了一定的隔离作用。但是自从兰新铁路通车以后,褐家鼠很快就向我国内陆干旱区扩散了。1975年,褐家鼠首先出现在往返于北京—乌鲁木齐的列车上,1979年出现在吐鲁番,4年后又出现在乌鲁木齐火车西站。1988

年前后，褐家鼠开始向乌鲁木齐市区与郊区扩散，并沿铁路向南扩散到库尔勒，后来，褐家鼠又沿着公路向南疆扩散。

　　火车既是褐家鼠生活的乐园，也是它们迁徙的主要交通工具。有人曾描述过在一列从成都到北京的列车上与车上的一群"疯狂老鼠"遭遇的情景：硬卧车厢一熄灯，就听到吱吱声大作，一群老鼠大摇大摆地出来觅食了。借着昏暗的通道灯，人们可以看到这些老鼠在过道里、行李架上及铺位间奔跑追逐，吓得车厢里的女士们连连惊叫。这一夜乘客被老鼠们搅得无法入睡。早晨起来，乘客们发现放在行李架上的食品、行李被老鼠咬得乱七八糟，一名乘客带的香油也被聪明的老鼠咬开了盖子，连喝带洒，所剩无几。

　　飞机客舱也无法拒绝褐家鼠的搭乘。曾有一架从美国华盛顿飞抵北京的航班，飞机降落、旅客全部走出客舱后，更换枕套的清洁人员却在枕芯内发现了活着的老鼠，并在清理座位时又发现了1只死鼠。闻讯赶来的检验检疫人员在对枕芯进行检查时，又居然一下子捕获了藏匿其中的5只活鼠。他们马上将该飞机进行隔离，并放置几十个鼠夹、一百个粘鼠板进行器械捕鼠，同时布放数十个粉板实施监测，最后又通过放在客舱门和驾驶舱的粘鼠板粘住了2只老鼠。至此，在该飞机上总共发现了8只老鼠。

旅客列车

　　由于人类的活动，解决了对褐家鼠来说很难跨越的地理隔离，为它们的扩散提供了方便。它们十分善于搭乘火

飞机客舱

褐家鼠善于搭乘交通工具扩散

车、轮船、飞机旅行，并且已经成功地适应了人居环境，成为一种伴人动物。有人说，任何一个人与一只老鼠的距离从来没有超过10～20米，并不完全是开玩笑。

在美国阿拉斯加州的西南部，有一个名副其实的"老鼠岛"。这个火山岛最初被阿拉斯加人叫作"哈瓦达克斯"，是阿留申群岛的一部分。在老鼠到来之前，这座火山岛上生活着4000多万只角嘴海雀、小海雀和海燕等在此筑巢繁衍后代的海鸟。但是，自从200多年前一群褐家鼠随商船来到这个岛上以后，当地的鸟类就遭了殃。

大约在1780年，一艘日本船只在海上失事，而船上的褐家鼠却游到了这个渺无人烟的小岛上，并开始疯狂捕杀各种鸟类、吞食它们的鸟蛋和雏鸟，以前曾经动听的鸟叫声就此消失。这种鼠患的发生并不是绝无仅有的现象，世界上不少海岛都有因老鼠成灾而酿成的悲剧，很多在岛屿上生活的海鸟、爬行动物等的灭绝也都与老鼠有关。

自古以来，人们为了对付老鼠想了很多办法。在《格林童话》里，用笛声就能把无数的老鼠引向死亡的神奇的吹笛手，就是对捕鼠人这种古老职业的夸张想象。为了恢复"老鼠岛"的自然生态环境，

褐家鼠标本

美国科学家于2008年秋天发动了一场规模空前的灭鼠行动。他们希望采取直升机空投老鼠药的办法，一举将这座岛上的褐家鼠斩草除根。但有人指出这是在浪费钱财，也有人担心从空中播撒灭鼠剂会带来副作用。不仅如此，他们甚至还需要更长的时间才能知道这个灭鼠行动的效果。因为即使岛上所有的褐家鼠都死光了，也需要数年的时间才能恢复岛上生态环境的本来面貌。

几百年来，导致褐家鼠搭顺风船走遍全球的直接原因，就是人类只顾考虑自身的眼前利益所造成的后果，而"灭鼠行动"的实质，不过是人类在掩盖自己的错误而已。

"人鼠之战"改变历史进程

褐家鼠家野两栖，可对农业、林业、牧业、工业、国防等造成危害，更甚的是传播疾病。它是鼠疫、流行性出血热、血吸虫病、狂犬病、鼠咬热等超过30种对人类有害的疾病传染病病原的自然携带者。

从20世纪90年代初以来，人类已经发现多种被称为21世纪瘟疫的巴尔通体菌。这些细菌被认为是新兴病原体，因为它们能够在世界范围内给人类带来包括心脏病、脾脏和神经系统感染在内的严重疾病。而寄生在褐家鼠等老鼠身上的跳蚤能够传播这种细菌，致使

实验用的大白鼠

人们担心这些传染病可能给人类带来更大的麻烦。

不过，数百年来，人类在与来自动物的传染病作斗争的过程中，逐渐学会建立起一套传染病的防疫体系，以随时应对可能发生的因为接触动物而引起的人类传染病大流行，从而极大地提高了公共卫生水准。例如，我国历史上第一个完备的防疫体系，就是在成功地控制了1910年东北大鼠疫之后建立的。

人类与鼠疫斗争的另一个成就，是19世纪中后期英国建立的新型污水处理和供水系统，即下水道和自来水。此前，由于水源受到污染，生活用水的质量得不到保障，极易导致霍乱暴发。事实证明，现代排水系统的建立使19世纪后欧洲的大众健康状况发生了根本性的改变。

褐家鼠还以实验动物的身份改变了人类的生活。100多年前，美国生物学家利用近亲老鼠进行交配繁殖，培育出首批近交系鼠，对这种遗传纯种实验鼠的研究有助于治疗人类的各种疑难病症。这标志

建筑工地是褐家鼠密集的地方

农田也是褐家鼠的栖息地

着现代实验鼠的诞生。

由于近交系鼠遗传基因几乎完全相同,因而遗传突变导致的生物影响十分明显,它们很适合科学家开展相关研究工作。近交系鼠很容易发生自然突变现象,突变的后果是它们容易患肥胖症、免疫系统缺陷以及多种疾病,这无疑能帮助人们更深刻地认识这些疾病。可以说,实验鼠的利用为治疗长期困扰人类的一些疾病带来了光明。

实验室用的大白鼠是褐家鼠的白化变种,在生物医学研究中占据着重要的地位。现在,全世界每年用于各种科学研究的实验鼠超过2500万只。随着生物医学研究的需要,现在全世界已培育出100多个近交品系。未来,这些实验鼠还将帮助人类不断揭开疾病和基因研究领域的更多谜底。

粮食争夺战

"硕鼠硕鼠,无食我黍……硕鼠硕鼠,无食我麦……硕鼠硕鼠,无食我苗……"这些《诗经·硕鼠》中的句子,充分说明了在"人鼠之战"中,对粮食的争夺是最关键的内容之一。

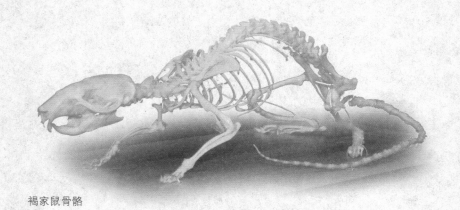

褐家鼠骨骼

　　在自然界中,各种动物为了自己的生存,都要想方设法地获得食物。老鼠也是这样,当地里的庄稼到了收获季节的时候,它们的美味大餐就开始了。它们不但每天要吃掉许多粮食,还要将一些粮食拖进洞穴,喂养那些幼鼠,以度过食物匮乏的寒冬。由世界粮农组织公布的一项报告表明,全世界每年生产的农作物在生产、加工、运输等一系列过程中,由于鼠患造成的损失高达20%。这还不算,它们还要栖息在人的居室里,盗食厨房、粮仓里的食物。老鼠——这个经常伴随我们的"邻居",实在到了让人痛恨至极的地步!

　　近年来,由于我国城市生态环境的变化,城市流动人口的剧增,露天农贸市场的衍生,特别是触目惊心的食品浪费现象,给老鼠们

褐家鼠标本

提供了优质、丰富的食物，使老鼠已经演变成了口味刁钻的"美食家"。据说，在北京的一些高级饭店，褐家鼠在偷食时对一般的蛋糕不屑一顾，专拣巧克力蛋糕当夜宵；还有的老鼠养生有术——专吃甲鱼的软边。此外，被遗弃的粮食、食品使建筑工地成为褐家鼠的密集存在区，而一旦建筑投入使用，它们便首先"乔迁新居"，居民新区往往成为"老鼠新区"。

为了能够"鼠口夺粮"，人们想尽了办法，如器械灭鼠法、生物灭鼠法、化学灭鼠法和生态学灭鼠法等。最近，英国艺术家设计出一系列机器人家具，除了具备常规的家具功能外，它们还能捕杀苍蝇和老鼠。

这种机器人家具能够感知环境，能为其主人报时或提供照明，同时它还很喜欢"吃肉"，能够通过捕食苍蝇和老鼠获得能量，因此兼具家具和消灭"四害"等功能。其原理是，它首先诱捕苍蝇、老鼠，然后通过内部的微生物燃料电池进行消化，提供能量供其自身运转。尽管目前这种机器人家具还需要依靠电源供电，但它最终会自给自足。甚至，即使在电网瘫痪、人类灭亡的情况下，只要苍蝇、老鼠没有一同灭亡，这种机器人家具就能够一直存活下去。

褐家鼠分布广，繁殖率高，危害重，与人类活动关系密切，防治难度比较大。毒杀、陷阱、防鼠墙等，所有工程、

粘鼠板

鼠盒

捕鼠夹

几种灭鼠方法

73

褐家鼠的天敌

黄鼬

猛禽

蛇

猫头鹰

74

药物的防治手段,对日益猖獗的鼠患来说,都只是"治标"、应急的缓兵之计。褐家鼠适应性很强,可在-20℃左右的冷库中繁殖后代,也能在40℃以上气温的热带生活。据报道,在原子弹靶场——太平洋恩格比岛上经实弹爆炸之后,仍发现有褐家鼠存活。

事实上,黄鼬、鹰、猫头鹰、蛇类等鼠类的天敌的存在,减少了鼠类对农作物和人类的危害,对防止鼠害大暴发,防止疾病的传播,维持生态系统中的物质循环和生态平衡等方面都起到了重要的作用,称得上是人类的益友。但它们中大多是稀有的物种,有的虽然尚未成为濒危物种,但由于森林砍伐和环境污染,其数量也在不断减少,所以人类应该更多地关心它们的处境,努力改善它们的生存状况。

随着人类以环境治理为主要内容的综合防控措施的落实,褐家鼠的生活空间受到了一定的限制。但是,在坚持多年灭鼠后褐家鼠仍然保持了较强的生存能力,也说明褐家鼠具有较强的环境适应能力,这也提示我们,灭鼠是一项长期的工作,必须常抓不懈。否则,褐家鼠就会大量繁殖,形成鼠患。

(张昌盛)

深度阅读

戴年华,任本根,秦祖林. 2000. 褐家鼠的生态学特性及其防治. 江西饲料,2000(6): 24-26.

李振宇,解焱. 2002. 中国外来入侵种. 1-211. 中国林业出版社.

李波,王勇,张美文. 2007. 谨防褐家鼠随青藏铁路入侵西藏. 农业现代化研究,2007(5): 350-353.

徐正浩,陈为民. 2008. 杭州地区外来入侵生物的鉴别特征及防治. 1-189. 浙江大学出版社.

徐海根,强胜. 2011. 中国外来入侵生物. 1-684. 科学出版社.

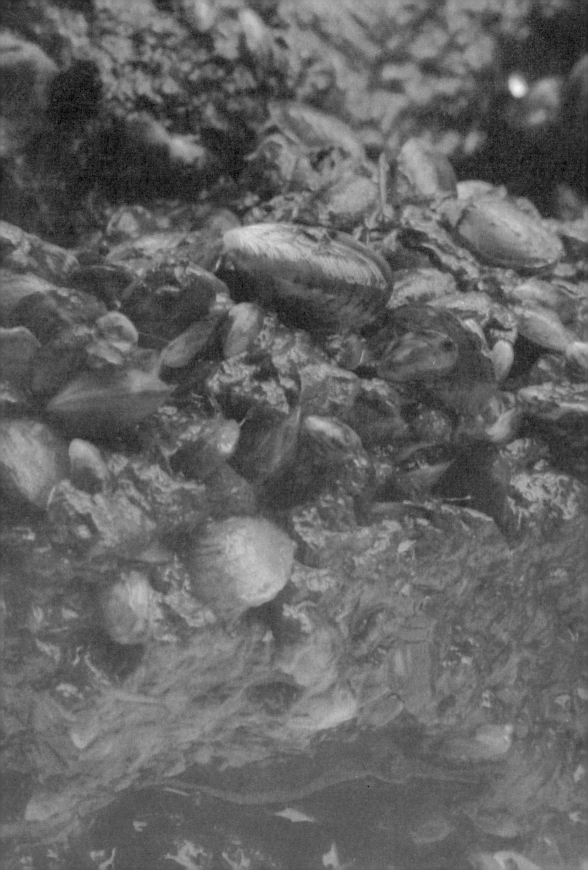

沙筛贝

Mytilopsis sallei Recluz

沙筛贝对我国的入侵很可能是在引进养殖品种或活饵料的过程中造成的。最终，这种不负责任的行为既害了别人，也害了自己。看上去，这种微不足道的小型贝类并没有什么特别之处，但人们至今还没有找到治理它们的有效方法。

黄金宝螺

地图宝螺

百眼宝螺

龟甲宝螺

虎斑宝贝

几种"宝贝"

贝类"四兄弟"

宝贝,一般是指珍奇的东西。可你知道吗?在古代,贵重少见的贝壳也称为宝贝。而且,贝壳还曾作为货币流通过一段时间。没错,它可以像现在的纸币或硬币一样使用!在交通不便的年代,那些没有见过大海的人们,一定会被贝壳与众不同的外表所吸引。其实,贝类中的确有叫"宝贝"的家伙,它也叫宝螺,是单壳贝类,贝壳近卵圆形,壳面光滑,而且不同种类具有不同的花纹,非常美观。自古以来,都深受人们喜爱。

除了外观迷人以外,贝类给人印象最深的恐怕就是可口的味道了。其中,养殖贝类中的"四兄弟"——蛏、蛤、蚶、蛎等,更是以肉韧结实、味道极佳而著称,是夏天消夜的佳肴。贝类海鲜可以凉拌、氽汤,也可以蒸、煮食之,还可以剥壳后和其他青菜混炒,采用盐水、辣爆等快捷做法效果也不错。

"四兄弟"中的"老大"——蛏子的贝壳近乎长方形,表面自壳顶到腹缘有一道斜行的凹沟,所以也叫缢蛏。蛏子是在软泥滩上生活的,所以它的贝壳很薄、很脆,不像生活在岩石上面的种类那样坚固,而且贝壳的边缘还很锐利,因此人们又叫它"刀片蛤""剃刀贝"。

商周时期的贝币和金贝币

蛏子在泥滩上掘小洞穴居住。当海水浸漫泥滩的时候,它就靠斧足的帮助,将身躯露出洞口,伸出两根水管,自由自在地进食。当它缩回洞中躲藏起来的时候,常常会在滩涂上留下自己的"足迹"。

"老二"——蛤,在辽宁称蚬子,在山东称蛤蜊,有花蛤、青蛤等诸多品种。我国南方俗称的花蛤,也叫菲律宾蛤仔、杂色蛤,长卵圆形的贝壳小而薄,壳顶稍突出,于背缘靠前方微向前弯曲。贝壳表面的颜色、花纹变化极大,还有棕色、深褐色、密集褐色或赤褐色组成的斑点或花纹。青蛤也叫环文蛤、海蚬,贝壳略呈圆形,壳外表黄白或青白色。壳顶歪向一方,并有以壳顶为中心的同心层纹,排列紧密,在外缘有紫色,犹如一个紫色环,因而又叫赤嘴仔、赤嘴蛤。

蛤以发达的斧足挖掘沙泥,穴居生活。涨潮时,蛤升至滩面,伸出水管进行呼吸、摄食和排泄等活动;退潮后依靠足的伸缩活动,退回穴底,在滩面上留下两个靠得很近的由出、入水管形成的孔。

"老三"蚶子的种类也很多,有毛蚶、泥蚶及魁蚶等。它们的两个贝

蛏子

蛤

壳都很凸，也很厚，所以合起来差不多呈圆球形。而且，贝壳的表面长着从壳顶向腹面辐射的肋，肋间形成沟，整个壳面好像旧式瓦房屋顶的瓦垄，所以又有"瓦垄子""瓦楞子""瓦屋子"等名称。其中，毛蚶的贝壳表面生有棕褐色毛，所以也叫毛蛤蜊。

蚶子喜欢生活在内湾河口附近的软泥底质中。因为它没有水管，所以潜入泥面下的深度不大，只是在泥底的表层埋栖。

"老四"蛎子又叫牡蛎、蚝、蛎黄、海蛎子。它的两个贝壳的大小、形状都不同：左壳稍大、稍凹，而右壳略小、略平。它能分泌出一种胶质，把左壳牢固地固着在海岸岩石等物体上，然后便永远不再脱落，一生中就凭着右壳上下启闭来摄食、呼吸、御敌和繁殖，此外就没有其他的活动了。

除了上面的"四兄弟"外，贻贝、扇贝也是"生猛海鲜"中不可或缺的品种。

贻贝又名壳菜，在我国北方俗称海红，有厚壳贻贝、翡翠贻贝等很多种类。它们的贝壳都呈三角形，表面有一层黑漆色发亮的外皮，翡翠贻贝贝壳的周围为绿色。在尖尖的前端，常从夹缝中探出几根细软透明的足丝，贻贝就是用足丝固着在海底岩石或其他外物上生活的。足丝的主要结构是由蛋白质构成的，很坚固而又有韧性，所以用足丝固着的力量很大。即使在遇到危险时，它也只是切断很少几根足丝，稍微挪动一下位置。

扇贝的贝壳很像扇面，不过人们更熟悉的是用它的闭壳肌制成的干贝，所以大家也把它叫海扇或干贝蛤。

蚶

牡蛎

80

扇贝也是用足丝附着在浅海岩石或沙质海底生活的动物，但比贻贝更为灵活的是，当感到环境不适宜时，它能够主动地把足丝脱落，然后做较小范围的游泳，这在双壳类中是比较特殊的。

扇贝

贝类"四兄弟"和贻贝、扇贝，都属于双壳类软体动物，有石灰质的外壳和发达的肉质足。外层皮肤包围身体，形成外套，通过身体的水流从生有触手的外套膜之间流入外套腔内，然后经过鳃到身体背部由排水孔排出来。它们利用流经身体的水进行呼吸和循环，也利用水流带进的微小的生物做食物。

作为水产业的重要组成部分，贝类养殖具有食物链短、定居性强、育苗和养殖基础好、成本相对较低等特点，已成为我国沿海地区海水养殖的重要支柱产业之一。河口内湾一

贻贝

带营养盐含量高，能生长大量浮游植物，江河径流中常带有大量有机质，成为贝类丰富的食物源，是贝类养殖的理想场所；浅海养殖贝类不需投饵，可养海面辽阔；滩涂养殖一般也不需耗资建立养殖地，放养苗种后一般1～2年即可采收。因此，贝类养殖是一项低投入、高产出、高效益的水产养殖业。我国的贝类养殖业发展迅速，在规模和产量上均居世界第一位。随着社会经济的迅速发展，人们对贝类产品的需求量也越来越大，而国内外市场的不断扩大，又为贝类养殖业的发展创造了十分有利的条件。

不过，就在上面这些双壳类"兄弟"疲于应付人类越来越刁的口味时，不起眼的沙筛贝却搅乱了人们的餐桌，甚至还打翻了一些人的"饭碗"。

厦门马銮湾的"海瓜子"

厦门市由厦门岛、鼓浪屿、内陆九龙江北岸的沿海部分地区以及同安等组成,地处我国东南沿海,濒临台湾海峡,面对金门诸岛,与台湾宝岛和澎湖列岛隔海相望。

厦门就像一座风姿绰约的"海上花园",有鼓浪洞天、万石叠翠、云顶观日、五老凌霄、菽庄藏海、金山松石、胡里炮台、虎溪夜月、鸿山织雨、大轮梵天、集美鳌园、皓月雄风、北山龙潭、筼筜鹭影、青礁慈济等众多的风景名胜。"城在海上,海在城中",岛、礁、岩、寺、花、木相互映衬,侨乡风情、闽台习俗、海滨美食、异国建筑融为一体。这里栖息着成千上万的白鹭,形成了独特的自然景观,又因为厦门的地形就像一只白鹭,它因此被称为"鹭岛"。

白鹭

厦门鼓浪屿

养殖业发达的厦门马銮湾

　　在厦门西港,有一个向东开口的天然海湾,名叫马銮湾。1957年,为晒盐和围垦农田,人们在海湾的湾口兴建了一个全长1655米,高9米,横贯南北的海堤,隔断了马銮湾水域与其东侧厦门西海域水体的自然连通,仅靠闸门来控制湾内水体,水位基本不受潮汐影响。由于盐度低,原计划以海盐为原料的制碱工厂停业,因而所有的盐田全部用来养殖鱼、虾和锯缘青蟹等,并在浅水区湾底掺沙养花蛤,在深水区垂下吊养长牡蛎、翡翠贻贝、紫贻贝,用网箱养鱼。因此,马銮湾的主要功能是水产养殖,养殖业已几乎全部占据水面,形成了一片生机盎然的景色。

　　1990年,马銮湾忽然出现了一种新的双壳类软体动物,它的名字叫作沙筛贝,形态与俗称"海瓜子"的彩虹明樱蛤有几分相似。

　　沙筛贝*Mytilopsis sallei* Recluz也称萨氏仿贻贝,隶属于软体动物门双壳纲帘蛤目饰贝科。沙筛贝多数以壳长1~2厘米的个体占优势,壳长3厘米以上的老个体少见,在中高潮区的岩石和沙质的硬相底质上均可生长。

沙筛贝

83

泥团子

　　　沙筛贝来到马銮湾之后,从水
体表层直到最底层都有它们附着,最密集的区
域在水下1~4米,尽管在6米以下的水层中也有分布,但由于底层水
域严重缺氧,它们能够存活的数量不多。它们常常附着在养鱼网箱、
塑料筏子、绳缆及砖头沉子等处,甚至会附着在牡蛎和其他养殖贝
类以及藤壶等生物上,形成一个个"泥团子"一样的东西,密度可达
5740~34360个/平方米。别看沙筛贝的个头小,但生活力和繁殖力
极强,生长发育也非常迅速。沙筛贝是一种附着生物,喜
欢生活在水流不畅通的内湾或围垦

吊养牡蛎被沙筛贝入
侵造成掉落和减产

牡蛎

84

的浅水中,而马銮湾经过多年的泥沙淤积和围垦,海湾的水动力较弱,再加上拥有大量的虾池和养殖网箱等设施,这些无疑都为沙筛贝创造了良好的栖息条件。渔民网箱养殖使用的泡沫,也为沙筛贝创造了良好的附着基,而在网箱加重后,淹没在水中,更为沙筛贝营造了良好的生长环境。沙筛贝能适应不同的温度和盐度,甚至是高污染的环境也能生存,因此,它们在马銮湾一出现,马上就与其他养殖贝类争夺附着基、饵料以及生存空间。马銮湾原来吊养的牡蛎、翡翠贻贝、紫贻贝等,因沙筛贝的到来当年便开始减产,近岸养殖的花蛤等产量也都因此大幅度地下降,最后竟不得不全部停产,可见沙筛贝已对当地贝类养殖业造成了严重的危害。

　　说到这里,有人可能会问,既然沙筛贝也是一种双壳类软体动物,而且具有如此顽强的生命力,我们为什么不把它当作新的贝类养殖对象,用来取代原有的养殖贝类呢?

　　遗憾的是,沙筛贝的个体太小,其肉质就更小了,因此几乎没有任何食用价值。虽然同样属于双壳类软体动物,沙筛贝不但没有被列入到养殖贝类的范畴,反而是被归入到了海洋污损生物的行列当中了。

外来的污损生物

　　1995年前后,沙筛贝在马銮湾迅速扩散,几乎覆盖了所有的网箱、浮球、柱桩、缆绳等一切能附着的表面,并以足丝缠连成团,密度相当高,很快就成了当地污损生物群落的优势种。因此,它的到来及其对海洋生态环境的影响受到了人们极大的关注。

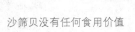
沙筛贝没有任何食用价值

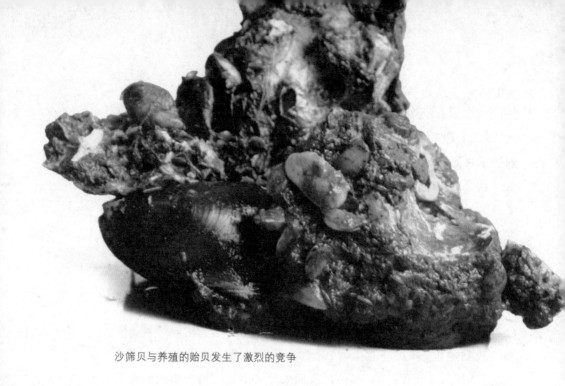
沙筛贝与养殖的贻贝发生了激烈的竞争

　　沙筛贝是一种滤食性动物,有很强的摄食能力,主要食物是藻类,例如等边金藻、小球藻等。因为体形较大的贝类摄食器官的滤水面积较大,所以能滤过较多的水,其摄食率也就相对较高。在沙筛贝中也是如此,个体越大,对藻类的摄食率越高,而且贝壳最大的个体的摄食率是最高的,贝壳最小的个体的摄食率最小。藻类的规格大小对贝类的摄食率高低也有重要影响,贝类对食物的规格也有一定的选择性,不同大小的贝类对藻类的摄取都有其最适宜的规格,最适时摄食率最大。

　　贝类是变渗透压动物,沙筛贝等广盐性种类要消耗大量能量用于维持渗透压调节机制,因此盐度的变化会影响其能量分配,进而影响鳃纤毛的运动以及心脏跳动等。随着海水盐度的降低,滤食性贝类的摄食率也变小,这是因为当海水盐度下降到一定程度的时候,渗透压改变,滤食性贝类会关闭出水管。伴随着其上侧纤毛摆动的停止,导致了进入其外套腔的海水体积的减少,从而摄食率也减少;而在较高的盐度环境下,滤食性贝类则将更多的能量用于渗透压调节或是采取行为避让机制,如关闭贝壳,来适应胁迫,从而也会导致摄食率下降。沙筛贝对等鞭金藻和小球藻的摄食率均在盐度25时最高,在较低或较高的盐度下摄食率均呈下降的趋势,说明盐度25是沙筛贝的最适盐度。

由于条件适合,马銮湾虾池附近水域一年内有7个月有沙筛贝幼体附着,从5月份开始至11月份,附着高峰期是6月份,通常在靠近虾池排水口的水域沙筛贝附着密度较低,而远离虾池排水口的水域沙筛贝附着密度较高。

因争夺饵料,沙筛贝挤走了原来这里固着数量很大的网纹藤壶。藤壶也是善于固着的动物,常常一簇簇密密麻麻地黏附在海边的物体上,其小小的圆锥形石灰质外壳常常使人们想起灰白色的小火山。网纹藤壶则因其表面布满细密的纵横条纹而得名。在马銮湾,沙筛贝与网纹藤壶的竞争十分激烈。虽然有的网纹藤壶底盘直径可达1厘米以上,但沙筛贝的空间竞争能力大大强于网纹藤壶,在数量上也明显占优势。当沙筛贝形成每平方米大于105个的高密度时,能导致网纹藤壶的大量死亡。沙筛贝附着在网纹藤壶壳壁的外侧,形成很高的密度,随着沙筛贝的生长,进一步与网纹藤壶竞争食物。由于沙筛贝附着在网　　　　　　纹藤壶壳上,食物首先被沙筛贝抢　　　　　　夺,最后导致

沙筛贝以"泥团子"形式生活

网纹藤壶饿死或窒息死亡。网纹藤壶的死亡也可能与其耐低氧能力较沙筛贝低有关。

与网纹藤壶的情况相反,有两个蠕虫"小伙伴"——凿贝才女虫和小头虫的数量却有随沙筛贝数量增加而增加的趋势。它们常常共同组成污损生物的"烂泥团"。成团的沙筛贝不仅有利于凿贝才女虫和小头虫的栖息,而且沙筛贝高密度种群的贝壳和足丝之间沉积的大量的细颗粒,也是凿贝才女虫和小头虫在生活中营造泥管的材料。

两个"帮凶"

凿贝才女虫"霸气十足",因为它能凿穿其他的贝壳。虽然仅有4～12毫米长,但它却是世界上分布最广的物种之一,几乎世界各海岸都有其踪迹。它看上去就是一个普通的"小虫子",仔细观察可以发现它的前端为钝圆形,稍有缺刻,眼侧各具一根有沟的长触手,肛部常为领状或袖口形。

凿贝才女虫本领高强,仅需数周时间就能将贝壳凿透。它在贝

水下设施上挂满了沙筛贝

泥团子

壳表面上凿出的虫孔呈双孔形,而
在贝壳的内面则为假双管形,中间隔以淤泥。如
果穿透了贝壳,则在贝壳的内面形成一个C形的孔。它喜欢在贝类
的闭壳肌附近凿孔,因为这里壳面最薄。从前,人们由于发现它的第
5刚毛节变得很宽大,上面有一种特殊的粗足刺刚毛,所以认为这种
特殊刚毛就是它凿穿贝壳的"工具"。但是有人将其拔除后,凿贝才
女虫仍然具备穿孔的能力。所以,现在人们又觉得它是通过分泌腐
蚀性很强的黏液来穿透贝壳的。有趣的是,在海中还有一种叫作穿
贝海绵的动物,是一个典型的投机者,十分善于"钻空子"——凿贝才
女虫在贝壳上刚一凿出孔洞,它便进入贝壳的里面去穴居,而它自己
却并没有凿穿贝壳的能力。

　　一旦贝壳被穿透以后,贝类暴露的软体部分很快就会被细菌感
染发炎,然后脓肿发黑溃烂,这就是俗称的黑心肝病。因此,凿贝才
女虫自己就是贝类的一个可怕的"杀手"。

　　与凿贝才女虫相比,另一个"小伙伴"——小头虫更具备耐有机
污染的能力。它喜欢栖息在富含硫化氢、缺氧的沉积物中,常在细颗
粒制造的薄泥管中栖息。因此,它经常出现在生活污水、粪便、垃圾

污损生物

海洋污损生物也称海洋附着生物，是生长在船底、浮标和一切人工设施上的动物、植物和微生物的总称。污损生物是以固着生物为主体的复杂群落，其种类繁多，包括细菌、附着硅藻和许多大型的藻类以及自原生动物至脊椎动物的多种门类。污损生物大量繁衍后会造成巨大危害，如增加船舶航行的阻力；堵塞冷却管道；使海中仪表及转动机件失灵；增加水中建筑物桩、柱的截面积，加大波浪和水流的冲击力；阻塞养殖网具，与养殖水产品争夺附着基和饵料等。据统计，世界上的海洋污损生物大约有2000种，我国沿海主要污损生物有大约200种。全世界每年因为污损生物所造成的破坏和修理费用难以估算。

以及水产品下脚料等被排放入海的既黏又黑还充满硫化氢的腐臭令人作呕的黑泥里。

小头虫是鲜红、细长而呈圆柱形的蠕虫，长度比凿贝才女虫略微大一点儿，大约为20～60毫米。它的头部为锥形，躯干部依体节的粗细、刚毛的不同分为前部稍粗的胸区和后部稍细的腹区，尾部末端具肛门。小头虫通过它的翻吻来吞食泥沙，以便消化其中的有机碎屑和微小生物。小头虫还分为雌虫和雄虫，雄虫在第8～9节具有刺状的生殖刚毛。

当小头虫遇到适于自己生存的环境时，就会迅速暴发，很快就占领大片的栖息地，其密度和生物量每平方米可分别达数十万条和1千克以上。它的生殖能力很强，几乎全年都能找到生殖的雌雄个体；世代更新也非常快，一般三个星期就发育成熟了。它们常以底栖幼虫连续地扩散并聚积。但是，它们的寿命短，防御和竞争能力不强，当环境稍有变化，它们就会采取浮游幼虫随水流"跑"的策略，以同样惊人的速度崩溃消亡。一旦环境改变、时来运转时，它们便又会迅速地卷土重来。在生态学中，采取如此对策的物种被称作r对策者或机会主义物种。

无奈的"选择"

沙筛贝的原产地在美洲的热带海域,主要附着在墨西哥的岩石和海藻场一带,也在委内瑞拉和伯利兹沿岸玛湖发现。1915年巴拿马运河通航后,由船只通过运河将其带至太平洋和印度洋沿岸,后来又相继在印度东部海岸、日本内湾等处发现。

我国的沙筛贝是1977年在台湾的牡蛎田中首次发现的。1980年,在香港的吐露港发现一块木船板上附着少量沙筛贝的死亡贝壳,1981年又在香港水域漂浮的木板上记录到少量的沙筛贝,当时专家怀疑它们是由越南的难民船带进来的。1982年后,沙筛贝已确定在香港"安家落户"。在九龙尖沙咀西的政府船坞上,沙筛贝几乎把土著的网纹藤壶等生物"赶尽杀绝"。后来,人们又发现沙筛贝也存在于压舱水中,因此由航运带入香港海域也可能是沙筛贝入侵的一个途径。此外,沙筛贝也可能在引入鲜活饵料或苗种时夹杂带入新的地区。目前,沙筛贝在我国的分布范围包括福建、广东、广西、海南、香港和台湾等地。

沙筛贝在厦门马銮湾出现以后,又在厦门南面的东山县八尺门海堤附近、北面的惠安县北岐以及厦门岛的筼筜湖中出现。筼筜湖是厦门市

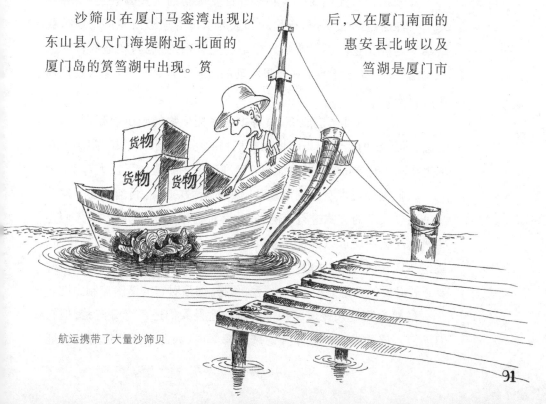

航运携带了大量沙筛贝

区唯一的人工湖泊,原与大海相通,后来筑起长堤,遂成内湖。筼筜湖是一个良好的避风港和渔港,夜晚星罗棋布的渔船灯火,景色别具一格,素有"筼筜渔火"的美称。

外来物种入侵是海洋生物多样性受威胁的主要因素之一,海洋外来物种通过船底携带、压舱水和人为引进等途径由原栖息地扩散到其他地区。它们不仅影响入侵地的生态系统,也与本地物种产生种间竞争,随着海洋养殖和海事活动的日益增加,海洋外来入侵物种逐渐增多。

目前,沙筛贝已造成虾、贝等本土底栖生物的减少或死亡,甚至绝迹;其大量的排泄物也将增加有机物的污染和水体缺氧,限制了其他生物的生存空间,对当地水产养殖和生态系统造成了巨大打击。

人们至今还没有找到治理沙筛贝的有效方法。目前主要是发动渔民通过人工的方式进行清除,防止其种群继续扩张。此外,人们还要严密注意一切可以携带沙筛贝的工具,杜绝其跟随这些物品传播,做到一旦发现,及时处理。对于沙筛贝进一步扩散的可能,有关部门要开展必要的动态监控,及时预警、预报,加强对它的清除控制力度。

虽然沙筛贝入侵厦门一带沿海的途径人们还不十分清楚,但它们已经入侵的地方均分布在隐蔽的海湾内,因此由船舶携带的可能性很小,而由某些贪图私利的养殖户在引进养殖品种或活饵料而带来的可能性最大。最终,这种不负责任的行为既害了别人,也害了自己。

故事还没有结束。原本已经绝望的养殖户发现,沙筛贝能够作为鱼、虾、蟹,特别是锯缘青蟹的饵料。既然有利可图,养殖户又开始大面积养殖沙筛贝,一些村民纷纷在马銮内湾进行大面积吊养,通过插棍棒的方式让沙筛贝的种群自然附苗,收获以后作为养殖鱼、虾、蟹的饵料。沙筛贝在大量生长、繁殖的同时,由于滤水量很大,对澄清水质起到一定的作用,但它们产生的大量代谢产物也增加了海水的有机污染和耗氧,对当地的原生物种造成了进一步的影响。而且,这种"贝类养殖"只是一个无奈之举,因为饵料的售价比起养殖贝类来,实在是相差甚远。

如果你是一个贝类养殖户,那么,你是愿意养殖经济贝类呢,还是愿意养殖沙筛贝呢?

(李湘涛)

深度阅读

李振宇,解焱. 2002. **中国外来入侵种**. 1-211. 中国林业出版社.

蔡立哲,高阳,曾国寿等. 2005. **厦门马銮湾虾池外侧水域外来物种沙筛贝的时空分布**. 厦门大学学报(自然科学版),44(增刊): 54-57.

刘芳明,缪锦来,郑洲等. 2007. **中国外来海洋生物入侵的现状、危害及其防治对策**. 海岸工程. 26(4): 49-57.

刘佳,朱小明,杨圣云. 2007. **厦门海洋生物外来物种和生物入侵**. 厦门大学学报(自然科学版),46(增刊1): 181-185.

徐海根,强胜. 2011. **中国外来入侵生物**. 1-684. 科学出版社.

蔗扁蛾

Opogona sacchari (Bojer)

对于我们普通大众来说，如果家里或单位有巴西木、发财树等观赏植物，一定要记得好好照看它们，一旦发现有蔗扁蛾为害，千万不要随意丢弃受害的花木。

"洋害虫"来袭

"今年7月,我区专家到梧州、河池和北海等地考察,一走进农田,眼前的景象让他们吓了一跳:大量甘蔗、香蕉、玉米等农作物皮层、茎秆被蛀食得面目全非,而一些农作物刚长出嫩芽、新根就被蚕食!"这段话出自2004年12月21日的《南国早报》中题为《生物"恐怖分子"悄然入侵广西》的报道。文中称,这些农作物是被一种叫作"蔗扁蛾"的幼虫为害的。

蔗扁蛾*Opogona sacchari*(Bojer)是一种小型蛾子,属于鳞翅目辉蛾科扁蛾属。它此前在我国并没有分布,连它所在的扁蛾属甚至辉蛾科在我国都没记载过,是一个完完全全的新的外来入侵物种,当然最初也没有中文名字了。为了交流方便,我国分类学家根据其学名拉丁文的含义为这个"洋害虫"起了这个中文名字。它的科名Hieroxestidae由希腊词hiero(神圣的,庄重的)和xest(光泽的,优美的)组成,因此翻译为辉蛾科。属名*Opogona*来自于希腊词opo(颜面)和gona(角度),指这种昆虫额区平扁斜向后伸、与头顶成锐角,加上这种昆虫体扁平,翅在背上平覆,足基节扁宽并紧贴其下等特点,故起名扁蛾属。它的种名*sacchari*来自甘蔗,因此就叫蔗扁蛾了。

你可能好奇,这个"洋害虫"到底长的什么样子呢? 我们来认识一下它们吧。

蔗扁蛾和蝴蝶一样,都属于鳞翅目昆虫,一生要经过卵、幼虫、蛹和成虫四个虫态,为害植物的是幼虫阶段。

成虫是一种体长不超过1厘米的小型蛾子,个头儿和咱们厨房

蔗扁蛾成虫

蕉扁蛾幼虫

中常见的米蛾差不多大。雄虫比雌虫略小。身体颜色为黄褐色,有金属光泽。两对翅的颜色不一样。前翅深棕色,有2个明显的黑褐色斑点和许多断续的褐色斑纹。前翅后缘有毛束,停息时翅平覆在身体上,毛束翘起来就像鸡尾一样。后翅色浅,黄褐色,后缘有长毛。足的基节宽大而扁平,紧贴身体,后足胫节长,超出翅的端部,有长毛,还有两对距。腹部平扁,腹面有两排灰色斑点。触角细长,呈纤毛状,长达前翅的2/3,停息时前伸。成虫爬行时速度非常快,爬行的姿态好似蟑螂。除了爬行,成虫还可以短距离跳跃或飞行。它多半在傍晚到午夜活动,白天多在寄主树皮裂缝或叶片背面静伏。成虫寿命约5天,补充营养可延长寿命,最长可达15天。成虫不会为害植物,只取食花蜜来补充营养。

　　成虫羽化后的第二天夜晚就可以进行交配,多在凌晨2～3点进行,也有在上午8～9点进行的。雌成虫可和多个雄成虫连续交配,交配持续时间从半小时到一小时不等。成虫在羽化后4～7天开始产卵,少数在羽化后1～2天内就可以产卵。成虫连续产卵可持续5小时左右,卵期为4天。

　　成虫大多把卵产在没有展开的叶与茎上,单粒散产或成堆成片,一堆儿卵大约数十粒甚至百粒以上。卵淡黄色,卵圆形,有珍珠光泽,近孵化时颜色变成深黄色。顶端有一个精孔器,周围有放射形的长沟,卵壳密布小刻点及多边形的网纹。

　　鳞翅目昆虫的幼虫俗称"蠋",其中一部分幼虫就是我们常说的毛毛虫。蕉扁蛾的幼虫头红褐色,身体乳白色,半透明,身上有褐色斑。老龄幼虫比成虫要大,体长2厘米左右,充分伸长可达3厘米。胸部和腹部各节背面均有4个方形的毛片,前面2个后面2个排成两排,大而长;各节侧面分别有4个小毛片,较小且略圆或不规则。胸部的3对胸足都很发达。腹部有5对腹足,分别着生在第3～6节和第10节上,第10节上的腹足又叫臀足,足上都有趾钩。

甘蔗田是蔗扁蛾最早生活的地方

幼虫共7龄，成长要经历6次蜕皮。幼虫期长达37～75天，这段时间也是蔗扁蛾的为害期。幼虫孵出时从卵顶部咬一个小孔爬出来，休息片刻后就转身吃自己的卵壳，随后吐丝下垂，很快钻入树皮下为害。幼虫活动能力极强，行动敏捷，蛀食寄主植物的皮层、茎秆，咬食新根。有时它们可蛀入木质部表层，留下轻微痕迹；少数可从伤口、裂缝处钻入髓部，造成空心。幼虫在植物表皮咬出不规则排粪通气孔，以便排出虫粪和蛀屑，这也大大加速了被害植物的水分丧失和衰退。在巴西木、发财树的木段上检查蔗扁蛾，就是以是否有排出粪屑的虫孔为识别的标志。蔗扁蛾幼虫还有互相残杀的现象，最终只留下一条幼虫。所以，在受害的植物上发现幼虫时，尽管有时幼虫的密度很高，但它们相互之间是独立的，从未见2个以上的幼虫在一个虫道中。

老熟幼虫吐丝结茧化蛹，夏季多在巴西木的木桩顶部或上部的表皮内，秋冬季多在花盆土下结茧化蛹。茧蛹一般前端暴露于茎外，但幼虫也能在茎皮间虫粪与蛀屑内化蛹作茧。蛹期为13～17天，成虫羽化前，蛹用头部的"钻头"顶破丝茧，蛹的头胸部露出蛹壳，约1天后就羽化出来。羽化的时间多在午夜，羽化出来的成虫顶破蛹壳飞出来，蛹壳半露在茧外并不脱落。在野外受害的巴西木和发财树等植物上，常可见到成群露出虫洞外的蛹壳，这就是成虫羽化后留下的。成虫出茧后翅逐渐展开、硬化后就能飞翔了。

"农转非"之路

蔗扁蛾起初只是生活在非洲一个岛屿上的小角色,并不像如今名声大作。科学家最早于1856年在印度洋的毛里求斯发现了这个物种,而它也仅仅在那里的甘蔗田里默默无闻地生活,可以说是典型的"农业户口"。蔗扁蛾最喜欢吃甘蔗,甘蔗是毛里求斯的传统农作物,当地90%以上的耕地中都种植着甘蔗,所以它在这里生活得十分悠闲。

不久,它们来到了毛里求斯附近的马达加斯加及北部的塞舌尔群岛,后来它们又来到了南非。1928年,在距非洲西海岸不远的加那利群岛也开始出现蔗扁蛾。新移民的蔗扁蛾在加那利还是没有离开农田,但却换了口味,以岛上最重要的经济作物——香蕉为食。蔗扁蛾的英文名字叫banana moth,即香蕉蛾的意思,这个名字是否来自这里不得而知。但可以肯定的是,蔗扁蛾除了吃甘蔗,也喜欢取食香蕉,故蔗扁蛾来到我国后,也有人叫它"香蕉蛾"。此后,蔗扁蛾又不断"丰富"自己的食谱,"餐桌"也从香蕉田陆续扩大到更多作物上。

20世纪50年代后,蔗扁蛾开始冲出非洲,走向邻近的欧洲。1966年,蔗扁蛾传入意大利,1972年传入荷兰,1974年传入英国,1977年传入比利时。这次的欧洲之旅不仅使蔗扁蛾开拓了疆土,也从

蔗扁蛾起初只在非洲
一个岛屿上的甘蔗田
里默默无闻地生活

99

此开启了它们的"农转非"之路。它们登陆欧洲后,各国投入了大量的人力和物力才将其扑灭。然而,20世纪80年代后期,在意大利南部的温室花卉上又重新出现了蔗扁蛾的身影。至此,数百年一直生活在农村大田作物上的蔗扁蛾,已经开始转移到城市温室中的花卉植物上,从典型的"农业户口"逐渐向"非农业户口"转变了。

1975年,南美洲首次发现蔗扁蛾在巴西的圣保罗定殖,巴西的香蕉生产因此蒙受了重大损失。也正是在巴西,蔗扁蛾遇到了让它日后真正实现"农转非"的寄主植物——巴西木,并在巴西木上成功定殖。从此,巴西木代替了蔗扁蛾的传统食物甘蔗和香蕉,逐渐成为世界第一大寄主。巴西木是原产于非洲和美洲热带地区的一种野生树木,后来被广泛盆栽,成为观赏植物。

20世纪80年代末,蔗扁蛾在北美洲登陆,首先传入美国的佛罗里达州,后来又来到了夏威夷群岛。它最早大约是1987年随进口花卉巴西木进入我国广州的,主要在巴西木上为害。20世纪90年代以后,由于巴西木的国际调运,我国南方地区陆续开始出现蔗扁蛾为害花木的迹象,说明它已成功地撕破了亚洲的防线。蔗扁蛾到底是怎样做到地盘的迅速扩张呢?

蔗扁蛾成虫的飞翔能力较弱,它不属于像地老虎那样的迁飞性昆虫,一般一次只能飞行10米左右,近距离的传播主要依靠这样的飞行和爬行。如果按照这样的飞行能力,蔗扁蛾是

让蔗扁蛾"农转非"的寄主植物——巴西木

不会跨过大海来到我国的。但是，如果有人类的"帮助"，一切都不是问题了。

巴西木是热带地区的植物，正常生长所需温度在20～30℃，10℃以上才可过冬。所以，进口来的巴西木要在广州、海南等地繁殖和培育，然后再向北方调运。1997年，在北京的巴西木上也发现了蔗扁蛾，而这棵巴西木正是从广州北运而来的。

终于"农转非"了，大城市的生活真不错。

办公室　办公室

巴西木

蔗扁蛾因为一次偶然的长途旅行，彻底改变了命运

在之后的数年内，广东、海南、广西、江西、湖北、四川、重庆、福建、河南、上海、江苏、浙江、吉林、辽宁、山东、河北、山西、甘肃、新疆等20多个省（自治区、直辖市）相继发现它的为害，可见它已随着巴西木等观赏花卉的调运，逐渐向我国北方扩散。当然，它在南方的发生更为严重，对花卉生产单位、花场、温室大棚的巴西木造成了毁灭性的灾害。从未离开过自己家乡的蔗扁蛾，可能因为一次偶然的长途旅行，彻底改变了命运。它在四处开拓疆土的同时，也在扩大着自己的食谱，而且生活条件也越来越好，从长期生活的大田作物上，随着观赏花卉登堂入室，进入宾馆饭店、写字楼、机关单位和私人住宅，过起了城市生活。这就是蔗扁蛾从"农业户口"变成"非农业户口"的"农转非"之路。

值得一提的是，蔗扁蛾在我国转为"非农业户口"后，似乎又向往起了田园生活。1998年，广东发现一些甘蔗、香蕉受它为害，2004年广西也发现甘蔗、香蕉受害。

香蕉

香蕉树

香蕉受到了蔗扁蛾的严重危害

现在,蔗扁蛾的寄主范围已经越来越广,它也成为一种多食性小蛾类。

它的食谱主要分为两大类。一类是它的传统食物——农作物。在我国,它扩大了食谱范围,除了为害甘蔗和香蕉外,还为害玉米、大蕉、粉蕉、辣椒、茄子、马铃薯、番木瓜、番薯、芋头、竹子等众多主要的作物。

另一类食谱是园林植物及名贵花卉。自从传入欧洲后,蔗扁蛾就把食谱从农作物扩大到温室花卉上。在巴西增添了巴西木,在我国,蔗扁蛾也是从为害观叶植物发财树、巴西木开始的。到了1997年,我国报道的蔗扁蛾寄主植物是22科近50种,如今,它们的寄主植物已达28科87种以上,新添的有金边香龙血树、巨丝兰、苏铁、巴关河苏铁、海南铁、一品红、天竺葵、笔筒树、大叶榕、小叶榕、三角梅、鱼尾葵、散尾葵、大王椰子、国王椰子、鹅掌柴、木棉、合欢、木槿、印度榕、菩提树、构树、棕竹等。

随着食谱的扩大,蔗扁蛾在不到50年的时间内就占领了非洲、欧洲、北美洲、南美洲、亚洲五大洲的30多个国家和地区。目前分布在亚洲的中国、日本;非洲的毛里求斯、留尼汪、马达加斯加、塞舌尔、南非、圣赫那群岛、尼日利亚、佛得角、加那利群岛;欧洲的葡萄牙、希腊、意大利、西班牙、比利时、丹麦、芬兰、法国、德国、荷兰、英国；美洲的巴西、秘鲁、委内瑞拉、巴巴多斯、洪都拉斯、百慕大群岛等。

在北京，蔗扁蛾1年发生3～4代，幼虫在自然条件下不能越冬，而是在温室盆栽花木的盆土中越冬，翌年温度、湿度适宜时，幼虫爬上植株为害。在广州，它1年发生4代，幼虫在自然条件下在寄主受危害部位就能越冬。蔗扁蛾完成一个世代需要60～120天，温度越高，完成一个世代需要的时间越短，在温度合适的条件下，蔗扁蛾甚至可以1年发生8代之多。

蔗扁蛾的食性很复杂，有钻蛀性、腐食性等。钻蛀是蔗扁蛾最主要的取食方式，也是危害最严重的方式。

它的幼虫钻蛀巴西木、发财树等植株，主要从植株受损伤部位侵入，在表皮上可见直径2毫米左右的蛀孔，然后以钻蛀点为中心，继续向健康组织的韧皮部蛀食，形成不规则隧道或连成一片，蛀食产生的木屑以及幼虫的虫粪就堆积在表皮下。蔗扁蛾为害严重时，巴西木、发财树等的受害部位只剩下表皮层和木质部，使表皮与木质部很容易剥离。剥开表皮后，就可以看到棕色或深棕色颗粒状虫粪及蛀屑的混合物。

巴西木、发财树等被害后，皮层的输导组织全部被破坏，不能疏导水分和养分，最终导致植

茄子

番薯

芋头

玉米

蔗扁蛾的农作物寄主

株叶片萎蔫、褪绿、枯黄、不发芽而停止生长，失去观赏价值，直至整株死亡。当茎的输导组织被蛀食破坏后，幼虫也可以蛀食根部。植株受害死亡后，幼虫仍然可继续蛀食、化蛹及羽化。

不同的寄主植物表皮和内部结构有一定的差异，所以在被蔗扁蛾为害后有不同的症状。在巴西木上，幼虫有时从上部切口处侵入为害，有时从表皮直接侵入为害。巴西木韧皮部较柔软，木质部坚硬，幼虫往往取食韧皮部，直到剩下表皮；而在木质部取食较少。为害后期树皮易剥离，用手触摸茎干时感觉比较软。在发财树上，被蔗扁蛾幼虫为害后，盆土界面处的主茎膨大部分被蛀食一空，较大的树蔸内可能含有数条乃至几十条粗壮的幼虫，表皮有很多蛀孔，呈蜂窝状，被害处不断向茎上部和根部发展，里面充满了虫粪和碎木屑。发财树作为观赏盆栽植物时，往往是3～5株植物像辫子一样扭在一起的，这些缝隙之间湿度大，水分充足，又有一些有机质夹在其中，为蔗扁蛾初孵幼虫提供了生存的空间。随着虫体的增大和取食量的增加，幼虫就从这里钻入发财树的体内。发财树疏松的韧皮部和木质部，对蔗扁蛾来说都十分可口。

棕榈科植物也很容易被蔗扁蛾寄生，因

蔗扁蛾的寄主——辣椒

104

为疏松的木质部非常便于幼虫钻蛀。棕榈科植物有叶柄包裹着嫩叶和生长点,这是蔗扁蛾成虫产卵和初孵幼虫生长的理想场所。幼虫先钻入顶端的幼嫩部分,然后往下取食,被害的植物往往是生长点被取食后死亡。美国夏威夷最先发现的蔗扁蛾就是在死亡的椰子树上找到的。

幼虫在甘蔗叶鞘下取食,成熟后钻入茎秆,为害甘蔗组织,受害甘蔗中间变空,充满虫粪,老熟幼虫在为害处的茎内织茧化蛹。对于另一个传统寄主植物香蕉来说,除了根部和叶缘尖部外,其他部分都能被幼虫为害,但它主要受害的是花序。

至此,我们算是领教了蔗扁蛾的厉害了。它会在人们的眼皮下为害植物的内部,使这些名贵花卉和重要的经济作物"金玉其外,败絮其中",对花卉产业、热带农业和制糖业构成了巨大威胁。它也成为温室花卉生产中的主要虫害之一。在北京危害严重的温室中,每年因此虫淘汰的巴西木达一半以上。难怪世界各国都对这种昆虫严防死守,如意大利、荷兰、挪威、芬兰、美国等许多国家,以及欧洲地区植保组织(EPPO)、亚太地区植保组织(APPO)和北美地区植保组织(NAPPO)等,先后把蔗扁蛾列入检疫性害虫加以控制。2003年,我国国家环境保护总局发布的"中国第一批外来入侵物种名单"中,蔗扁蛾赫然在列。2005年,它又被国家林业局列入19种林业检疫性有害生物名录。

蔗扁蛾的寄主——竹子

105

巴西木

对症下药

　　蔗扁蛾的幼虫阶段在茎干皮下蛀食，发生隐蔽，从外面不易发现。比如，新购进的巴西木和发财树第一年基本无恙，到第二年才出现严重危害，从而给检疫和防治都带来一定的困难。

　　它在隐蔽为害时，受外界环境影响也小，并且在新的环境中几乎没有天敌。

　　在我国，随着室内观赏植物的迅速发展，巴西木、发财树等蔗扁蛾喜欢吃的植物大量调入，这为蔗

蔗扁蛾

扁蛾准备了充足的食物。另外,巴西木、发财树等植物均为热带观赏植物,繁育以及调运前都生长在温室中,分散进入家庭及室内场所后也是处于冬暖夏凉的环境条件下,可以顺利越冬并持续为害,这十分有利于蔗扁蛾的定殖。在我国温度、湿度比较高的南方,蔗扁蛾在露地就可越冬,一年能发生多代,危害更为严重。

蔗扁蛾的花卉
寄主——三角梅

蔗扁蛾具有很强的繁殖及适应能力。在温湿度条件适宜的情况下,每头雌虫最多时可产卵600多粒,平均达236粒,加上高达80%的孵化率,可使虫口数量迅速增加。

蔗扁蛾刚传入我国时,生产者或经营者由于不了解它发生危害的特点及严重性,花木因它枯萎死亡了还不知道有虫害,所以疏于防治与管理。有时,他们还将淘汰或被蔗扁蛾为害死亡的巴西木、发财树随意堆放,致使蔗扁蛾基数越来越大,最终成灾。

以上的内因加上外因,使得蔗扁蛾防治异常艰难。检疫部门必须加强巴西木等观赏植物的调运检疫,首先在进口环节上严防带虫巴西木继续从国外流入我国。在国内调运时,加强对来自有蔗扁蛾分布的省份花卉植物的检疫,发现后

蔗扁蛾的花卉寄主——一品红

发财树是蔗扁蛾的美食

109

合欢

蔗扁蛾的园林植物寄主

应对重症植株进行深埋和销毁处理,在进入流通前消灭虫害。

对于园林花卉等相关从业工作者来说,人工防治是简单经济的办法。要经常检查寄主植物的茎,在栽培过程中,用手按压表皮,如不太坚实而有松软的感觉,说明可能已经发生了虫害,可以小心地剥掉受害部分的表皮,如果有蔗扁蛾为害,及时把混有蛹态的虫粪清理干净,并把幼虫一一杀死。还要定期对寄主植物进行探查,做到常查常治,将危害控制在初级阶段。

在栽培管理方面,要尽量避免在同一温室内种植蔗扁蛾爱吃的寄主,如巴西木、发财树等,以避开寄主间的交叉危害。在处理巴西木的锯口时,用红或黑色的石蜡均匀涂封锯口,一定要注意把蜡封严实,封好后再刷一遍杀虫剂,防止成虫在此处产卵。同时,要注意巴西木、发财树等植株的肥水管理,控制好温室内的温湿度,使植株生长健壮,也可在一定程度上起到防范作用。

如果蔗扁蛾的危害比较严重,只能采用化学防治。对于大规模生产寄主花卉的温室,可在种植前喷洒溴甲烷或磷化铝片剂等化学药剂,并用塑料布盖上密封熏蒸至少5小时,可以杀死潜伏在表皮内的幼虫或蛹;如果已经发现蔗扁蛾的危害,可挂敌敌畏布条熏蒸,或

构树

用菊酯类化学药剂喷雾防治。对于在家庭或室内场所中的巴西木等观赏植物，可以把受害植物搬到室外阴凉处用化学药剂喷洒，每周1次，连续3次。夏季可结合熏蚊处理，将驱虫器放在花卉附近，能收到一定的驱杀效果。除对植物进行彻底清除外，还须对土壤进行杀蛹处理。幼虫越冬入土期是防治的有利时机，可用菊杀乳油等速杀性的药剂灌浇茎的受害处，并用敌百虫制成毒土，撒在花盆表土内。

但是，由于蔗扁蛾幼虫躲在虫粪和碎木屑的混合物下方或其下方的虫道中，化学药剂有时不能有效地接触虫体，所以会影响防治效果。另外，巴西木、发财树是放在室内的观赏植物，要尽量减少化学农药的使用。

在生物防治方面研究较多的是昆虫病原线虫。昆虫病原线虫能准确地寻找寄主，不仅不受虫粪等混合物的影响，还

外来物种入侵的危害

外来物种成功入侵后，会压制或排挤本地物种，形成单一优势种群，危及本地物种的生存，导致生物多样性的丧失，破坏当地环境、自然景观及生态系统，威胁农林业生产和交通业、旅游业等，危害人体健康，给人类的经济、文化、社会等方面造成严重损失。

苏铁

木棉

龙血树

蔗扁蛾的园林植物寄主

能在有一定的湿度的覆盖物中生活得很好。加上蔗扁蛾幼虫怕光，为害期很少转移，化蛹也多在被害植物近表皮处，有利于昆虫病原线虫寄生。因此，采用灌注昆虫病原线虫悬液可取得较理想的防效，且不污染环境。其中，使用最多的是斯氏线虫。

在大面积条件下,利用昆虫病原线虫防治蔗扁蛾幼虫的理想方法是喷雾法。但从杀虫效果来看,注射法优于喷雾法。不过,注射法费时、费工,不适于大面积防治。由于线虫耐高温和低温能力弱,因此利用昆虫病原线虫防治蔗扁蛾最好在春季或秋季开展,效果均比较理想。

对于我们普通大众来说,如果家里或单位有巴西木和发财树等观赏植物,一定记得按上面的要求好好照看它们,一旦发现有蔗扁蛾为害,千万不要随意丢弃受害的花木。

（李竹）

深度阅读

李振宇,解焱. 2002. **中国外来入侵种**. 1-211. 中国林业出版社.

商晗武,祝增荣,赵琳等. 2003. **外来害虫蔗扁蛾的寄主范围**. 昆虫知识, 40(1): 55-59.

万方浩,郑小波,郭建英. 2005. **重要农林外来入侵物种的生物学与控制**. 1-820. 科学出版社.

殷玉生,顾忠盈,周明华. 2006. **侵入性害虫——蔗扁蛾的研究进展**. 检验检疫科学, 16(1): 76-78.

徐正浩,陈为民. 2008. **杭州地区外来入侵生物的鉴别特征及防治**. 1-189. 浙江大学出版社.

万方浩,彭德良. 2010. **生物入侵:预警篇**. 1-757. 科学出版社.

徐海根,强胜. 2011. **中国外来入侵生物**. 1-684. 科学出版社.

环境保护部自然生态保护司. 2012. **中国自然环境入侵生物**. 1-174. 中国环境科学出版社.

含羞草

Mimosa pudica L.

不要从有含羞草生长的地方带走任何泥土,因为泥土中可能会有它们的种子。含羞草的荚果表面有刺毛,容易粘在行人的衣服和行李上,因此我们经过有含羞草生长的地方后,要及时整理自己的衣服和背包、手提袋等物品,不要让它们有可乘之机。不要破坏土壤表面的覆盖物,因为有它们的存在就可以尽可能地防止雨水将含羞草的种子冲到其他地方,也就防止了含羞草的扩散。

敏感的小草

我家的小姑娘今年7岁，已经上小学二年级了，但是我至今未发现她对生物学有任何的兴趣。她要么逗逗小狗，要么摆弄一下花朵，但也谈不上是很有兴趣的样子。在"六一"儿童节的时候，我们一起去了趟北京教学植物园，在温室里有许多我们平时都见不到的漂亮的植物。我忍不住驻足观看，但是她似乎没有注意到它们，只顾着疯跑。然后，在靠近墙根的一个花盆里，我发现了一株含羞草，它的个子很小，静静地立在那里，似乎有意躲避着人们的注意力。我赶紧叫住小姑娘，告诉她这里有一株会动的小草。

种在花盆里的含羞草

要是搁在平时，她最多回来看一眼就继续走，但是这次她停住了——我想肯定是"会动的小草"这几个字打动了她，毕竟这事听起来有点儿不太寻常。她走过来，有点儿怀疑地看着我。我蹲了下去，用手指碰了一下含羞草的一片叶子——我是说含羞草的复叶——原来张开的小叶片仿佛受到了惊吓，魔法般地合上了；我又碰了一下叶柄，原来挺直的叶柄突然松软地垂了下去，仿佛被折断了似的。这下小家伙明白了，马上就学着我的样子，把这株含羞草的所有叶子和叶柄摸了个遍，并大声地笑着，那种快乐的样子引来不少小朋友的围观。直到我们离开温室，这株可怜的含羞草，也没有再次将它们的叶子展开，叶柄也耷拉在那里,估计被小姑娘折腾得够呛。

不仅小朋友如此,即使大人见到了植物的这种奇特反应也会产生兴趣乃至惊奇。历史上不乏文人墨客留下吟咏含羞草的诗句,其中最大牌的一位当属清乾隆皇帝。

清乾隆年间(1740年),耶稣会的会员、法国人汤执中(Pierre Nicholas Le Chéron d'Incarville)被派遣到中国传教。对于当时来到中国的传教士而言,传教并不是他们唯一的任务。

15世纪新航线开辟后,中国的丝绸、瓷器和茶叶陆续从中国东南沿海港口运往欧洲,欧洲贵族对绣在丝绸上和绘在瓷器上的梅花、玉兰、茶花、牡丹等花卉图案非常感兴趣,而从中国回到欧洲的传教士描述的"似玫瑰但又无刺,有白色、紫色,时也可见红色和黄色"的牡丹和"色似蜜蜡,香气怡人"的腊梅更是激发了他们收集这些植物的强烈欲望。在这种情况下,很多传教士来中国之前,便被嘱托为他们当地的植物园或者贵族收集奇花异草。

汤执中名义上是一名传教士,但他还是一名植物学家,以及一名钟表匠。临行前,他向巴黎皇家植物园园长承诺将尽可能多地寄回中国的植物种子。然而,1748年,传教士与清廷的关系恶化,他们的行动受到了限制,只被允许进行短途旅行。因此,他们收集植物种子和标本的行动便大打折扣。这时,汤执中修理钟表的技能便派上了用场。

清政府当时虽然奉行闭关锁国的政策,但是仍然不乏有从国外进来的各种精巧器械,其中就包括了钟表。我们都知道,乾隆皇帝为人风流,对钟表等精致

乾隆皇帝

117

新奇的玩意儿十分喜爱，因此汤执中就有了觐见皇帝的机会。1753年，汤执中将从巴黎带来的含羞草种子培育成苗，趁觐见皇帝的时候将其中的一株进贡给了乾隆皇帝。当乾隆皇帝看到这种植物的叶片居然可以像人的手掌那样一开一合的时候，顿时龙心大悦，"笑得十分开怀"，要求汤执中"时常造访它"，并命令郎世宁为含羞草作了一幅画，乾隆皇帝本人更是为这幅画题诗并序，称其为"僧息底翰"（sensitivo的音译），其诗曰："懿此青青草，迢遥贡泰西。知时自眠起，应手作昂低。似菊黄花韡，如樱绿叶萋。讵惟工揣合，殊不解端倪。始谓箧蒲诞，今看灵珀齐。远珍非所宝，异卉亦堪题。"如今，这幅画作为台北故宫博物院所珍藏，本人有幸亲眼见过它的照片。

清朝牡丹花鸟碎瓷瓶

汤执中进贡含羞草的第二年，皇帝特许其在皇家园林收集植物。在1757年因伤寒去世之前，汤执中向英国皇家学会秘书莫蒂默寄了一本经过注解的中国植物目录，目录包括了将中国植物用于欧洲食品烹饪及医疗的建议。他还绘制了2套《本草品汇精要》康熙重绘本副本，其中一套有植物彩图329幅，现藏于法国国家图书馆木刻画库；另一套有植物彩图404幅，现藏于巴黎法兰西研究院图书馆，书中每一种植物种子都标有中文名称。同时，他还采集了大量植物种子寄给俄国圣彼得堡科学院、英国皇家学会和法国皇家科学院，其中寄往英国皇家学会的种子由莫蒂默分赠给了牛津、爱丁堡和切尔西的植物园，这些种子包括了臭椿、国槐、栾树等等。为了纪念汤执中的这些工作，法国植物学家朱西厄（Antoine-Laurent de Jussieu）以他的姓氏作为美丽的中国草本观赏植物角蒿的属名Incarvillea。

由此我们可以看出，含羞草Mimosa pudica L.并非我国本土植物。事实上，它的原产地是南美洲和中美洲南部的热带雨林地区。1637年，约翰·特雷德斯坎特（John Tradescant，1608～1662）将含羞草引种到英格兰，一时风靡欧洲。因为人们一触碰到它，它的叶片便闭合，因此其英文名被称为sensitive plant，意思就是敏感的草（其学名中，种加词的拉丁文*pudica*也是敏感的意思），这也是乾隆皇帝称之为"僧息底斡"的缘由。

害羞的秘密

含羞草的特性几经联想，即被视为女性羞涩和贞洁的象征，并衍生出诸多传说。撇开这些象征意义和传说不谈，含羞草叶片的闭合运动的确是十分吸引人的特征。在我们的日常生活中，我们只知道动物能跑能跳，而植物除了风来了能摇摆几下外，则只能静静地站在那里，遇到危险也不能逃跑和抵抗。现在，我们忽然发现有一种植物能主动地闭合它们的叶片或者垂下它们的叶柄以躲避危险，就像有了灵性一样，怎能不引起人们的惊奇呢？因此，它们大受欢迎也在情理之中了。

开始的时候，人们以为这种神秘的植物可能像动物一样具有神经和运动组织，罗伯特·胡克对此进行了研究，并成为史上研究含羞草运动的第一人。当然，事实并非这样。含羞草叶片开闭的秘密在于叶柄的基部，那里有个膨大部分，植物学上称之为"叶枕"。叶枕内部有大量的薄壁细胞，正常情况下，细胞内充满了细胞液因而十分坚挺，为叶片提供支撑；当叶片受到外界触碰等刺激后，振动迅速

腊梅

梅花

牡丹

花卉图案常在丝绸
和瓷器上出现

119

18世纪英国制造的铜镀金象拉战车钟

传到叶枕，这时薄壁细胞内的细胞液立即流向细胞间隙，细胞因失水而失去了膨胀能力，因此不能再为叶片提供支撑，叶片闭合，叶柄亦同时下垂。千万不要低估这种液体流动的作用。用过水枕、气垫床等产品的朋友肯定知道，虽然水、空气和塑料袋都是至柔至软的物质，但是用水和空气充满一个封闭的塑料袋的时候，它们便成了相当硬朗的组合，可以支撑起相当的重力。含羞草远在人类之前就充分利用了这一点，进化的力量不能不使人叹为观止。要知道，含羞草的故乡属于热带雨林地区，那里狂风暴雨十分频繁，而且说来就来。但是，即使这样，含羞草也可以很好地保护自己，因为当第一滴雨点打着叶子的时候，叶片马上闭合，叶柄下垂，这样就避免了风雨的伤害。当一切复归风平浪静，细胞液再回流至细胞内，把叶柄撑起，叶片展开。

除了叶片的闭合运动和叶柄的下垂运动外，含羞草的花也相当引人入胜。含羞草在每年的7~10月之间开花，其花色粉红，头状花序呈圆球形，小花疏紧有致地排列着，使得整个花序看上去像一个个毛茸茸的绣球，煞是招人喜欢。说到这儿，我是一直都没有想明白，为什么人类那么喜欢毛绒绒的东西。从小孩开始，人们对那种毛茸茸的布娃娃就情有独钟，从而给商家带来无限的商机。

含羞草运动的天赋和美丽的花序本来是为了适应生存环境而发展起来的,在生物界是再平常不过的事情。但是它们一旦进入人类的视野,意义立刻变得非凡起来。人们除了欣赏和赞叹之外,更多的人是希望它们进入自己的花园或者家庭,因此它才从巴西来到了欧洲,又从欧洲去往世界各地。含羞草来到中国的时间,可能比汤执中进贡给乾隆皇帝的时间要早上几十年。乾隆皇帝题诗时,其诗名为《知时草》,郎世宁画作亦名《海西知时草》,有人据此推断,那时乾隆等人尚不知含羞草这个名称,因此含羞草可能正是汤执中引入中国的。但是成书于乾隆六年(1741年)的刘良璧所重修的《重修福建台湾府志》卷六中已有含羞草的记载,云"含羞草高四五寸,叶似槐。爪之则下垂,状如含羞"。而成书更早的

野生含羞草

台北故宫博物院珍藏了郎世宁绘画、乾隆皇帝题诗并序的"僧息底斡"

121

植物的感性运动

植物因感受不定向的外界环境强烈变化而引起的运动为感性运动,通常有感光、感温、感震和感触等运动。感性运动是植物适应环境的表现,与刺激的方向无关(向日葵向着太阳转动、植物根常向营养丰富的区域生长等运动都不是感性运动)。最典型和常见的例子是含羞草的叶片受到碰触或震动的时候发生闭合的现象,以及花生叶片昼开夜合的现象。感性运动一般发生较快,刺激消失后又恢复原状。

《诸罗县志》(康熙五十六年,即1717年,由台湾诸罗县知县周钟瑄主修)卷十中亦有相关记载,"含羞草:高二三寸,叶似槐。爪之,叶即下垂,如妇女含羞然",显然也是指含羞草。因此,最迟在1717年,台湾即已引进含羞草。仔细想来,台湾早前被荷兰占领,此后与西方的交流难免频繁起来,因此,荷兰人或其他西方人将含羞草带到台湾亦非偶然,因此更有文献直截了当地指出,含羞草是荷兰人于1645年引入台湾的。至于皇帝为什么迟至1753年才经由法国人见识含羞草,其原因不得而知,当与他们自己的固步自封及国内无人进行科学研究活动等因素有关。

无论如何,含羞草从此便扩散开来。成书于乾隆四十二年(1777年)的《南越笔记》(李调元著)记载了广东的天文地理、风土人情、矿藏物产等内容,其卷十四有云:"有曰知羞草,叶似豆瓣相向。人以口吹之,其叶自合,名知羞草。"因此,在1777年之前,广东即已有含羞草出现,其来源当是台湾。现如今,含羞草已在世界各地扎根落户,有成千上万的家庭在家中的花盆中栽种它们,还有大量的园艺师在苗圃中培育着它们。

不是一个人在战斗

细心的读者朋友可能已经发现,在我引用的文献中,不同的出处,含羞草的名字也不同,如乾隆皇帝记之为知时草,李调元称为知羞草。是的,相同的植物有不同的名称,这种情况其实非常普遍。拿含羞草来说,在全世界其名称不下百种,光我们中国人就给它取了一大堆名字,除了上面提到的知时草、知羞草之外,还有见笑草、感应草、喝呼草、怕丑草、怕羞草、夫妻草、小人草等,不一而足,可能不同地方的人根据一部分特征再加上自己的想象就给它冠一个名称。我们如何知道他们说的是同一样东西呢? 一是对实物进行观察,二是对比文献中提到的描述加上合理的逻辑推理及其他佐证,我们即可进行确认。一种植物有如此多的名称不利于人们的交流,因此学术上统一采用其学名。

盆栽的含羞草

除了会对触摸等外界刺激作出反应外,含羞草的识别特征还包括: 高可达1米左右的亚灌木状草本;圆柱状茎条,通常都会分枝,表面着生钩刺及倒生刺毛,异常尖锐,也是其防御武器之一。其叶为羽状复叶,共有2对4片,指状排列于叶柄顶端,小叶片10~20对不等,长圆形,边缘具刚毛。头状花序圆球形,直径约1厘米,通过总花梗连接

毛茸茸的绣球(花)

带毛刺的荚果

带刺的枝条

至叶腋；花萼极小，花冠钟状，雄蕊4枚，伸出花冠以外，花柱丝状。它们依靠蜜蜂等昆虫或者风媒进行传粉。

含羞草以种子繁殖，其荚果圆形，长1～2厘米，宽约5毫米，扁平，荚缘具刺毛。每个荚果有3～4节，每节含2个种子，种子卵形，长3.5毫米。含羞草的繁殖能力极强，一个植株每年能产生600多粒种子。由于其荚果边缘具有刺毛，所以可附着在动物或人身上进行传播。此外，荚果也可以散布到水中，随着水流传播到其他地方。

含羞草喜欢生长在温度高、湿度大和光线好的地方，但是对土壤的要求不高，在较为贫瘠的黏性土或沙质土中均可生长，这得归功于与其共生的根瘤菌，因为根瘤菌可以将大气中游离的氮固定为有机氮供含羞草利用。它们从苗圃或者种植含羞草的家庭中逸为野生后，通常在农田、果园、牧场及路边等人为干扰较大的地方生长。但是它们对温度敏感，尤其是不耐霜冻，因此它们通常局限在热带、亚热带地区，海拔2000米以下均可生长。它们可以独自生长，或者成堆生长，形成致密的草丛。含羞草一般为1～2年生，种子在萌发后的头两个月长势稍慢，但是之后便加速生长，在头年年底便可以长到半米到2米之高。因此，它们在低矮的草本植物面前具有良好的竞争优势，在这方面我们千万不能被它的"含羞"的名字给蒙蔽了。

因为含羞草需要较好的光线条件，因此它们通常难以与高大的乔木竞争。但是在农田菜地中，情况则截然相反。含羞草扎堆生长，形成致密的草丛后覆盖地面，阻止了其他植物的生长。

香蕉

棉花

大豆

受含羞草影响的植物

橡胶

含羞树的花

含羞树

126

含羞草扎堆生长,形成致密的草丛后
覆盖地面,阻止了其他植物的生长

在含羞草大面积挤占的环境,其生态价值和经济价值受到严重影响。有含羞草逸为野生的热带地区中,玉米、大豆、番茄、旱稻、棉花、香蕉、甘蔗、咖啡、油棕、番木瓜、可可以及橡胶等经济作物均受到了严重的影响。在牧场,因为含羞草枝条上的刺,牲畜无法取食。在含羞草已经入侵严重的牧场情况如此,但是即使它们只是零星存在,也会因为刺而使得人或者牲畜受到伤害。大量存在的含羞草的另一个威胁是它们的着火点低,在干燥季节容易引起火灾。过火之后,含羞草种子的种皮受到刺激,有利于它们的萌发,因此在被火烧过的地方含羞草反而迅速成为优势类群,而土著植物类群日益受到排挤。

令人挠头的是,含羞草不是一个人在战斗。事实上,含羞草属的多种植物都具有明显的入侵性。有一次我去西双版纳,当地有人向我介绍了一种叫作"雨树"的植物,到了傍晚,它们的树叶——也是复叶——会慢慢闭合,似乎是要睡觉了,而到了早上,树叶再慢慢打开。这个特性与含羞草一样,但是它们是一种乔木,最高达到20来米。后来我了解到,这种被称为"雨树"的植物也是含羞草属的一种,我们称之为含羞树 *M. pigra* L.。含羞树也是原产于热带美洲,我国是在20世纪90年代在云南省勐海县打洛镇打洛江边首次发现它们的

含羞树的荚果

分布,具体进入中国的途径待考。前面说过,含羞草在乔木面前没有竞争性,但是含羞树则完全不一样。含羞树适应性极强,在多种生境中均能生长良好,既耐水湿条件,也能在干旱瘠薄的沙地或肥沃的土地上生长。它们的传播速度快,有人做过观察,发现在一片河滩地块,含羞树树苗的增长数可达一百多株,其增长速度令人难以置信。其原因是含羞树的种子数量巨大,大型植株每年可以产生的种子数量达到20多万粒,成熟后顺水漂走或者被人或动物带走,传播到其他地方。它们的种子萌发率高,生长速度快,加上身上的刺使得其他动物不能进食,它们很快就在与其他物种的竞争中占据优势。在滩涂等湿地,含羞树更是容易发展成为单一种群。含羞树因此被列入全球100种最具破坏力的外来入侵物种名单。

除了含羞树外,含羞草还有另外两个来自美洲的同胞:光荚含羞草M. bimucronata (DC.) Kuntze和巴西含羞草M. diplotricha C. Wright ex Sauvalle。光荚含羞草的花是白色的,荚果无刺毛,主要生于溪流

巴西含羞草的荚果

边及疏林下面；巴西含羞草的花为淡紫红色，叶柄顶
端的复叶是4～8对，花朵中雄蕊8枚，主要生长在旷野和荒地中。

　　总之，含羞草和它的这些同胞都不太好惹，它们都具有较强的
入侵性，容易给本地物种带来巨大的威胁。为此，不同的地方尝试了
不同的办法以阻止它们的扩张。

最好的方法是预防

　　对于含羞草小规模的入侵，机械式的移除方法非常有效，不过
它们身上的刺会造成不小的麻烦，最好的方法是用农耕器械以避免
伤害到人的身体，而且这样也可以尽可能地连根去除。用除草剂去
除小规模或者新入侵的含羞草也是一个有效的办法，但是为了防止
产生副作用和环境破坏，一定要购买经政府认证的产品。施放除草
剂的时候要选择含羞草的叶片完全伸展开的时候，以气雾剂的形式

巴西含羞草的花

成片的巴西含羞草

喷洒,这样有利于叶片的吸收,除草效果最好。有些除草剂也可以施放在含羞草的根部,但是这时特别注意要保护自己,不要被刺扎伤。当含羞草被除草剂杀死后,要将其枝叶用火烧掉,以防其长出新枝叶。以后的数年内都要提高注意力,定时检查,以免有新生的枝叶或新入侵的植株。

若含羞草已形成大面积的入侵,要将其根除难度不小,靠人力已经是不可能完成的任务。这种情况下,要大规模地施放除草剂,有时可能须依赖航空洒药。用药时机一般都选择在早上,因为这时湿度较大,含羞草的叶片是张开的,除草剂的吸收效果较好。含羞草被

航空喷洒除草剂

杀死之后,首先放火将死亡干燥的枝叶烧掉,然后用推土机将地面整饬一遍,务求将根从土中翻出来晒干。以后数年的监控也是必不可少的,一旦有新苗长出应立即清除。

有一些地方采用了生物防治的方法,就是采用昆虫或者真菌来对付含羞草。含羞草的根、茎、叶、花和种子都有相应的生物对付它,目前,世界范围内已经有13种生物因子被认为可以较有效地去除入侵的含羞草。

用航空喷洒除草剂的方式去除含羞草费用高,也要花费大量的人力,而采用生物防治的方法则见效慢,一般都要多年之后才能遏制含羞草的蔓延,因此防治方法均不是很理想。最好的方法还是在于预防。希望大家提高防范意识,如果在本来没有含羞草的地方见到了它们的话,应立即向当地政府

我们在这儿呢!

哈哈

哈哈

不要从有含羞草生长的地方带走任何泥土,因为泥土中可能会有它们的种子

132

部门汇报,以期引起重视,尽快采取防治措施。另一个应注意的事项则是不要从有含羞草生长的地方带走任何泥土,因为泥土中可能会有它们的种子。因为含羞草的荚果表面有刺毛,容易粘在行人的衣服和行李上,因此我们经过有含羞草生长的地方后,要及时清理自己的衣服和背包、手提袋等东西,不要让它们有可乘之机。不要破坏土壤表面的覆盖物,因为有它们的存在就可以尽可能地防止雨水将含羞草的种子冲到其他地方,也就防止了含羞草的扩散。家里或者花园中种植有含羞草的朋友千万要注意它们的种子,最好自己能在荚果成熟之前将其摘除;花盆中的土壤不要随意丢弃,如有可能,最好请你用高温处理一下,这样,即使土壤中有含羞草的种子也可以使其丧失萌发能力。

最后要提醒朋友们的是,如果大家像我家的小姑娘一样觉得含羞草很好玩儿,去触摸它们的时候注意不要被它们的刺扎伤;另外,含羞草有微毒,不宜过多触摸它们的枝叶,这点千万要注意!

（黄满荣）

深度阅读

李振宇,解焱. 2002. 中国外来入侵种. 1-211. 中国林业出版社.

徐正浩,陈再廖. 2011. 浙江入侵生物及防治. 1-353. 浙江大学出版社.

徐海根,强胜. 2011. 中国外来入侵生物. 1-684. 科学出版社.

谢贵水,安锋. 2011. 海南外来入侵植物现状调查及防治对策. 1-118. 中国农业出版社.

万方浩,刘全儒,谢明. 2012. 生物入侵:中国外来入侵植物图鉴. 1-303. 科学出版社.

凡纳滨对虾

Litopenaeus vannamei Boone

事实上，对于外来对虾引入而带来的暴发性流行虾病，不可能靠零星的技术改造或某种"灵丹妙药"来解决，只能立足于防，即在思想和意识上树立健康的养殖观念，在养殖实践中提高技术和管理水平，这才是当前防治养殖对虾病害的根本所在。

油焖大虾

并非成对的对虾

对虾是成对生活在一起的吗？这样的想法很浪漫，但现实很残酷：它们只是过去在被出售时，常一对·对扣起来卖，因此叫"对虾"。

查查对虾的"履历表"，它的别名还真不少。刚出海的对虾身体半透明，故也称明虾；雌虾微显褐色透蓝，而雄虾则体褐而略黄，所以渔民常称雌虾为青虾，雄虾为黄虾；由于对虾体大而肉肥，在中西菜谱上就叫它"大虾"，如味道鲜美的"油焖大虾"，风味别致的"琵琶大虾"等。

当然，对虾也有一些"文绉绉"的名字，比如长须公、虎头公等。这是怎么得来的呢？它们的身体分为头胸部和腹部两部分，头胸部有两对红色的长须，叫触角或触须，比它的身体长2.5倍，沿身体两侧伸向后方，显得英姿飒爽，所以古时谑称其为长须公、虎头公、曲身小子。

除了名字"雅俗共赏"外，对虾还有让人过目不忘的外形。对虾长长的眼柄上有一对黑色的肾形复眼，能随眼柄转动自如，使其能左顾右盼、眼观六路。这就弥补了它们头胸部（即俗称的"虾头"）不能转动的缺陷。对虾的身体强壮有力，头胸部共有13节。它有10对附肢，所以被称为十足类，其中5对用于捕捉食物和在海底爬行，5对用于游泳，分工十分明确。

如果说对虾是"直肠子"，可一点儿都不假。对虾的甲壳又薄又透明，它内部的神经索，长圆形的胃，暗红色的肝脏，黄白色的心脏，细直的肠子等，都可以看得一清二楚。对虾是杂食性动物，以捕捉小型甲壳动物的幼体或硅藻为食，也吃沙蚕、海蛇尾等。人们一般认为对虾是"不挑食的"机会主义杂食者，但实际上它们对食物也有偏好性和选择性。在自然生境中，大部分对虾的食性都是偏向于肉食性，但养殖条件下，对虾的食性受环境的影响较大。不过，对虾在捕食时显得十分"纠结"，其行为让人难以预测。对虾发现食饵后大都采用"仰游"的方式接近，先用小触角频繁接触食饵，或捕获，或离开，并不是都采食。有时将食饵丢掉后又将其重新捕获，如此反复几次后才开始摄食；有时并不对同一食饵重复这种动作，

中国明对虾标本

而是丢掉后重新寻食，直至找到自己较为满意的食饵才开始啃食。它们将捕获的食饵用步足抱持，仍采用"仰游"的方式游动一会儿并把食物传递给颚足，然后翻身静伏水底或在水体中缓慢游动并开始啃食。它的大颚用于撕扯、切割及磨碎食物，小颚则用来协助抱持、咀嚼食物。吞食掉食饵后，它们马上又开始重新捕食，有时还拖着长长的粪便，就算在海里也不能这么"肆意妄为"吧？

互不往来却又旅途做伴

在自然界，雌雄对虾不仅不会成对生活，而且平时互不往来，各居一方。只有到了繁殖期，成熟的雌虾才释放一种化学物质，吸引雄虾。雄虾似乎觉察到了异性的存在，于是缓缓地游向雌虾，经过几分

对虾生活的地方——大海

钟的打转、追逐、交配以后，彼此就马上分手，仍然是"你走你的阳关道，我过我的独木桥"。

科教片《对虾》海报

平时，对虾个体之间需要有一定的间隔，这是它们移动着的领域。间隔距离一般是其大触角能接触到的范围，可以视为"安全距离"。当其他个体突破"安全距离"后，这里的"主人"马上就会作出防御或战斗的姿态：小触角张开并伸向前上方，大触角呈水平状态并向上摆动，身体略呈弓形，扁平的尾扇呈最大限度张开，身体快速地微微抖动。如果"入侵者"不识趣，无视对方的警告，一场大战则在所难免。它们或用步足相互抱住、撕扯，或一上一下用步足相互抓挠、撕扯或用额剑撞击对方，有时会造成身体的伤残。不过，对虾有一个防御手段，就是在附肢受伤或被困的时候，它们可以使附肢自行脱落，这种现象称为自切。自切后的附肢经过一段时间后可以重新长出来，称为再生。未成熟的个体再生的速度比较快，而成熟的个体则比较慢。

不过，对虾的"内战"通常只是发生在身体大小相仿的个体之间，也可以说是同等重量级别的选手之间。当一些蛮横的"大家伙"在水底"横冲直撞"时，与之相遇的较小个体都纷纷选择向后跳开躲避。好汉不吃眼前亏，如果惹恼了这些"大家伙"，轻则受伤，重则丧命。

另外，对虾善于跳跃，夜航的小船常遇到大的对虾跳落在甲板上灯光附近的情况。看到对虾平时摇摇摆摆的样子，人们一般都认为它们在海中肯定游不快。其实，它们的身体结构很适于游泳，游动时，第2触角轻轻抖动，颚足紧贴身体，步足时而张开，时而并拢，游泳足摆动频繁，尾扇张开一定的角度，起到维持身体平衡的作用。它们是游泳的能手，在水中忽而向前，忽而向后，活动自如，还能拨水向后腾跃。长距离游泳更是它们的拿手好戏，一年中，它们要在几个月的时间里，完成2000多千米的长途旅行，而且年年如此，堪称自然界的伟大壮举。事实上，上面所讲的对虾为中国明对虾 *Fenneropenaeus chinensis* (Osbeck)，是我国的特有物种，所以它们的长途旅行是在我国海域中进行的。

每年春天，海水温度回升的时候，那些在我国黄海南部过冬的对虾，就开始了被称为"生殖洄游"的行动，成群结队地向北方海域的繁殖地前进。在旅途中，雌虾在前，雄虾在后，互不混杂。3月初，对虾来到了山东半岛东南石岛附近海域，并在这里越集越多。4月初，对虾大批经过威海、烟台、蓬莱附近海面，向渤海进发，部分转向山东半岛南部、江苏沿海游去，还有一部分向辽东半岛、朝鲜半岛游去。

4月底，进入渤海湾的对虾主群，先后到达黄河、海河、滦河和辽河等出海口以后，就逐渐分散开来，各自去寻找适宜的产卵场所。这里的浅海，春季水温逐渐升高，能促进卵的孵化。夏季开始后，食物更丰富了，加快了幼虾的生长发育。到了秋末，幼虾已经长得同成体一样肥硕健壮了，雌虾的生殖腺也发育成熟了。这时候，雄虾追逐雌虾，完成了交配。

斑节对虾标本

冬天，日照时间变短了，冷风劲吹，渤海的水温急剧下降，生活环境变得对对虾极为不利。于是，它们群集起来，沿着那条老路，向着温暖的南方海域进行"越冬洄游"，慢慢地又回到了黄海的南部海域，躲避隆冬的严寒。

中国明对虾标本

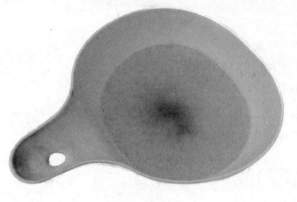
凡纳滨对虾的幼苗

我国是养虾大国。20世纪60～70年代，人们的文化生活极度匮乏，在电影院里上映的仅有样板戏影片、"老三战（《地道战》《地雷战》《南征北战》）"、新闻简报以及朝鲜和阿尔巴尼亚的几部电影。但是，当时却有一部罕见的科教片——《对虾》，给那个时代的观众留下了极为深刻的印象。这也从一个侧面反映了我国对虾养殖的重要性和悠久历史。

的确，对虾养殖业一直是我国水产养殖业中的关键性产业。现在，世界养殖虾类产量最高的三大品种——中国明对虾、斑节对虾、凡纳滨对虾都已经在我国大面积养殖。

从前，我国的对虾养殖品种只有中国明对虾。早在20世纪50年代初，我国就对对虾的繁殖和发育进行了研究，并开展了大规模育苗和池塘养殖的研究工作。1978年，对虾在北方地区池塘养殖获得成功后，便开始向全国沿海推广，而且增长速度很快。1983～1988年，由于我国在对虾工厂化育苗技术方面取得突破，为养虾生产的发展提供了技术保障，所以养殖面积猛增，年产量达到了近20万吨，使我国一跃成为世界第一养虾大国。1989～1992年，我国对虾养殖业进入鼎盛时期，年产量稳定在20万吨左右，保持着世界养虾大国的地位。

20世纪80年代中后期以及90年代，随着斑节对虾 *Penaeus monodon* Fabricius工厂化育苗技术的突破，斑节对虾养殖也在我国南方

凡纳滨对虾的育苗池

兴起,并成为广东、广西、海南、福建等地对虾养殖的主要品种。斑节对虾也叫鬼虾、草虾、花虾、竹节虾、斑节虾、牛形对虾、虎虾等。它具有生长快、适应性强、食性杂等优点。它也是对虾中个体最大的一种,成虾一般体长为22~32厘米,最大个体可达33厘米。

2000年以后,凡纳滨对虾的养殖又在全国范围内得到大力推广。它生长快(一般60天左右即可达到每千克60尾的上市规格),繁殖季节长(全年皆可育苗生产),适盐范围广(0~40)。此外,它可以采用纯淡水化养殖和海水养殖等模式,从自然海区到淡化池塘均可生长,从而打破了地域的限制,使其养殖范围扩大,是"海虾淡养"的优质品种。因此,凡纳滨对虾自1988年从美国夏威夷引入我国后,随着育苗技术的成熟,养殖面积以及养殖产量逐渐在我国占据了主导地位。从海南到辽宁,从沿海到内陆,共有20多个省、自治区、直辖市养殖,凡纳滨对虾成为我国近年来养殖面积最大、产量最高、养殖范围最广的品种。

后来居上

凡纳滨对虾*Litopenaeus vannamei* Boone,又称凡纳对虾、南美白对虾、万氏对虾、白脚虾、白腿对虾、白对虾、白虾等,分类上隶属于节肢动物门甲壳纲十足目游泳亚目对虾科对虾属。它是热带型种类,原产于墨西哥至秘鲁一带的美洲太平洋沿岸,以厄瓜多尔附近的种群数量最多。因此,在

凡纳滨对虾

凡纳滨对虾的幼苗

20世纪70年代初,凡纳滨对虾的人工养殖率先在厄瓜多尔获得成功。

凡纳滨对虾的外形与中国明对虾很相似,成体最长可达23厘米,甲壳较薄,正常体色为青蓝色或浅青灰色,全身不具斑纹。步足常呈白垩状,故有白肢虾之称。额角尖端的长度不超出第1触角柄的第2节。头胸甲较短,前端中部有向前突出的上下具齿的额剑。第一对触角具双鞭,内鞭较外鞭纤细,长度大致相等,但皆短小。口位于头胸部的腹面。与中国明对虾相比,凡纳滨对虾有十分明显的优势。首先,它们懂得和平相处。凡纳滨对虾性情温和,平时喜欢静伏水底或仅作间歇性巡行,既不像中国明对虾那样好动,也不像中国明对虾那样有较强的领域行为,彼此之间更少有相互攻击的现象。即使两只巡行的个体相遇,一般也只是用触角相互接触一下或用额剑相互撞击一下,便各自离开。因此,凡纳滨对虾虽然进食行为明显强于中国明对虾,但并没有互相争食的现象,从而减少了身体接触的机会,避免了相互攻击现象的发生,更很少有个体间相互残食的现象。懂得和平相处之道的凡纳滨对虾,可以比其他种类的对虾发展出更高密度的种群。

其次,凡纳滨对虾"吃得少,长得好"。它们对营养的要求比较低,饵料中蛋白质含量在25%～30%时即可满足其正常生长的需要。而中国对虾一般要求在45%左右,这么大的"饭量"当然不讨人喜欢。

再次,凡纳滨对虾简直就是个生育机器。它们的繁殖季节比较长,几乎全年都能见到怀卵的亲虾。凡纳滨对虾雌虾不具纳精囊,属于开放性的纳精囊类型,其繁殖顺序为:蜕皮(雌体)、成熟、交配(受精)、产卵、孵化。这与中国明对虾有很大差别,中国明对虾属于闭锁性的纳精囊类型,繁殖顺序为:蜕皮(雌体)、交配、成熟、产卵、孵化。凡纳滨对虾交配通常发生在夜间,交配时雄虾靠近并追逐雌虾,先是在雌虾下方,与其同步游泳,然后转身向上,头尾一致地与雌虾腹部相对并抱住雌虾,将精荚粘贴在雌虾第4~5对步足间的纳精囊上。由于新鲜的精荚在海水中黏性较强,所以交配中很容易粘贴到雌虾身上。交配后的雌虾于当晚产下豆绿色的卵,而精荚内的精子也会同时释放,于是便在水中完成了受精。体长14厘米左右的雌虾怀卵量可达10万~15万粒。凡纳滨对虾雌虾卵巢排空后可再次成熟,产卵间隔为2~3天,总共可产十几次,连续产卵3~4次须蜕皮一次。雄虾的精荚也可反复形成,精荚排出到新精荚成熟一般要20天。

和其他对虾一样,凡纳滨对虾具有多幼体阶段的特点。卵孵化后的幼体称第1期无节幼体,经6次蜕皮后成为第1期蚤状幼体。蚤状

草鱼

黄颡鱼

罗非鱼

可以与凡纳滨对虾混养的鱼类

　　　　　　　　　　　　幼体蜕皮3次后进入糠虾期，再经3次蜕皮才能变态成仔虾。上述变态过程需要经历12次蜕皮，历时约12天。

　　最后一点，凡纳滨对虾"生命力强，卖相好"。它们离水存活的时间长，因而可望以活虾销售，产品价值高。它的肉质鲜美，加工出肉率达65%以上，而中国对虾一般不超过60%。

　　综合以上几点，凡纳滨对虾得以后来居上，成为我国海水养殖动物中发展最快的一个品种，其养殖产量已达到我国养殖对虾产量的80%以上。

　　经过多年发展，我国凡纳滨对虾养殖取得重大进展，已处于世界领先的地位。目前，我国主要有围隔养殖、高位池养殖、室内工厂化养殖及综合养殖等养殖模式。此外，鱼、虾、蟹以及海参等混套养是从一种科学养殖经营的角度出发，合理搭配混、套养品种的养殖模式。进行混养的鱼类主要有罗非鱼、黄颡鱼和"四大家鱼"等；蟹类有中华绒螯蟹和锯缘青蟹等；海参主要是玉足海参。混套养较单一品种的养殖具有一定的风险互补性，而且在同一个水域能生产出多种水产品，体现和发挥了水生动物的群体效应和水域生产能力。不同的养殖品种在同一个水体内养殖生产，使生物之间形成一种相互

中华绒螯蟹

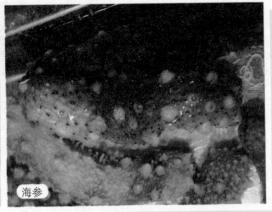
海参

可以与凡纳滨对虾混养的蟹类和海参

依存的关系,能够充分利用食物和水体的立体空间。然而,"福兮祸之所伏",在取得长足进步的同时,我国的对虾养殖业也正在面临着更多的挑战。凡纳滨对虾养殖还存在种苗质量参差不齐、虾病蔓延、滥用药物、养殖自身污染及环境资源浪费等质量安全问题,如果不及时调整,必然会影响产业的可持续发展。

对虾养殖业是一个高度污染环境的行业,据相关资料统计,对虾料的利用率仅为30%,剩余的70%以有机污染物的形式排放到养殖水体中,并最终流入到自然环境中。养殖环境中由于物质循环不畅,造成了有机物质的积累超出池塘自净能力,直接导致池底的腐败,水质的恶化,藻相异常。污染又导致对虾食欲下降,体质变弱,抗病力降

外来入侵物种的特点

外来入侵物种主要表现在"三强"。

一是生态适应能力强,辐射范围广,有很强的抗逆性。有的能以某种方式适应干旱、低温、污染等不利条件,一旦条件适合就开始大量滋生。

二是繁殖能力强,能够产生大量的后代或种子,或世代短,特别是能通过无性繁殖或孤雌生殖等方式,在不利条件下产生大量后代。

三是传播能力强,有适合通过媒介传播的种子或繁殖体,能够迅速大量传播。有的植物种子非常小,可以随风和流水传播到很远的地方;有的种子可以通过鸟类和其他动物远距离传播;有的物种因外观美丽或具有经济价值,而常常被人类有意地传播;有的物种则与人类的生活和工作关系紧密,很容易通过人类活动被无意传播。

低,从而形成恶性循环,引发整个养殖环境生态失衡。很多池塘经过数年养殖,病菌的交叉感染进一步加剧,使凡纳滨对虾病害危害加大,发病率、死亡率逐年上升。

疫病入侵

凡纳滨对虾是我国为了增加水产养殖品种而主动引入的一个外来物种。不过,我国在引入凡纳滨对虾的同时,也引入了TSV——桃拉综合征。

对虾桃拉综合征为桃拉病毒(TSV)引起的。TSV是一种直径为31～32纳米的球状单链RNA病毒,凡纳滨对虾就是它的主要宿主。患病个体表现为红须、红尾、身体变为茶红色,食量减少或不摄食,但也有部分病虾呈隐性,症状不明显。对虾桃拉综合征有患病急、病程短、死亡率高和耗氧量大的特点,一旦发生,就能使对虾全军覆没。1999年,对虾桃拉综合征在我国台湾地区大规模暴发,导致台湾地区凡纳滨对虾的养殖刚刚起步就遭到严重的挫折。

在引入凡纳滨对虾之前,我国已经发现有白斑综合征(WSSV)、传染性皮下及造血组织坏死病(IHHNV)和对虾肝胰腺细小样病毒病(HVP)等。这些病毒性疾病是对虾养殖生产中潜在的危害最大的一类疾病。在未受干扰的情况下,离体的病毒能长期存在并保持其侵染活性。因此,经过多年养殖生产后,对虾病毒可谓无处不在。

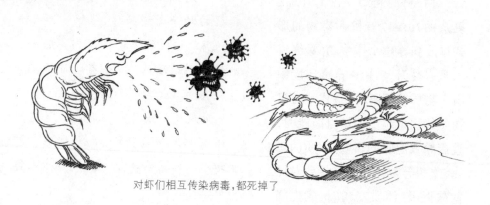

对虾们相互传染病毒,都死掉了

在养殖环境正常的情况下,病毒一般处于潜伏状态,携带病毒的对虾也不表现出症状。然而,一旦水质突变,条件成熟,"潜伏者"便开始"兴风作浪",大肆进行破坏活动了。

对虾病毒性疾病的传播途径有垂直传播和水平传播两种。亲虾不仅能通过繁殖将病毒传播给子代,也可以经口、鳃等传染给其他池塘中的对虾。此外,龙虾、蟹类、水生昆虫、桡足类、海蟑螂等水生节肢动物都可感染此类病毒。

随着对虾养殖业的发展,虾病的种类越来越多,发病区域越来越大,危害程度越来越重。病害已成为我国对虾养殖业最重要的制约因素。对于凡纳滨对虾的白斑病毒、桃拉病毒等病毒性的疾病,目前还没有特效的防治药物,一旦发病将很难控制,会给养殖户带来巨大的经济损失。

那么,是什么导致养殖的凡纳滨对虾发病的呢?原因主要有三个方面:一是对虾自身,即内在因素;二是养殖环境,即外界因素;三是对虾感染的病毒、细菌、寄生虫或其他微生物,即病原因素。这三种因素在对虾病害发生的过程中关系密切。由于自身免疫系统的低劣性,对虾更容易受到敏感生物的侵袭,当条件成熟或其生存的外部环境发生变化(渐趋变化或突然恶化),且当这一变化足以引诱潜伏的敏感病原生物的"侵略意愿"时,如果不采取积极应对措施,病害将发生。

龙虱

海蟑螂

龙虾

可以感染对虾病毒的水生节肢动物

水质被病毒侵袭而腐坏，养殖户以为灵丹妙药可以解决问题

　　对虾养殖可以说是一项系统工程，主要有亲虾选育、种苗培育和幼、成虾养殖等三个重要环节。而且，诸如水质调控、养殖密度、饲料营养、病害检测与防治又贯穿于每个环节。在对虾养殖的系统工程中，每一个环节、每一个步骤都非常重要，任何的差错都随时可能诱发病害的发生。在世界范围内，每一次对虾恶性疾病的暴发都说明了这一点。

　　我国对虾的养殖模式虽然多种多样，但不管是粗养还是精养模式，也无论是普通池、深水池或高位池养殖，在养殖过程中都要注意以下一些内容：首先是尽量引用未被污染的水源，调控好水质；其次是要选择优质虾种，培育健康虾苗，合理调控养殖密度；再次是均衡饲料营养，增加天然生物饵料，减少投喂人工配合饲料，降低残饵量，增强对虾的抗病能力；最后是准确检测病原，正确使用药物，减少化学药品的使用量，减轻化学药品对环境的污染。如果通过在虾池内培养藻类、纳潮引入、移植其他生物种群等方法，建立一个稳定的人工虾池生态系统，让细菌、藻类和移植的底栖动物来分解、吸取、摄食、利用虾池的营养物质和有机物质,使虾池物质循环畅通,减轻残饵等有机物对虾池的污染,就可以抑制病原微生物的繁殖,最大限度地减少养殖对虾病害的发生,从而获得最大的养殖效益。

冰冻的凡纳滨对虾

事实上,暴发性流行虾病不可能靠零星的技术改造或靠某种"灵丹妙药"来解决,只有从根本上改善水质,使用健康虾苗和优质的饲料,以及持之以恒的健康管理才能杜绝虾病发生。然而,当前我国的养殖业者大多抱有一种心理,即企图寻求一种"保险"的、可免遭病害威胁的养殖设施与模式,或者寻求一种特效药物,以求在病害发生时能"一治就灵",来保证高效益的养殖。但一直以来,世界上所有对虾养殖的国家至今尚未发现有这种"灵丹妙药",一遇到对虾恶性疾病都是无法救治。

因此,对于对虾恶性疾病只能立足于防,即在思想和意识上树立健康养殖观念,在养殖实践中提高技术和管理水平,这才是当前防治养殖对虾病害的根本所在。

(李湘涛)

深度阅读

梁玉波,王斌. 2001. 中国外来海洋生物及其影响. 生物多样性,9(4): 458-465.

林学政,王能飞,陈靠山等. 2005. 中国外来海洋生物种类及其生态影响. 海洋科学进展,23(增刊): 110-116.

郝林华,石红旗,王能飞等. 2005. 外来海洋生物的入侵现状及其生态危害. 海洋科学进展,23(增刊): 121-126.

田家怡,闫永利,李建庆等. 2009. 山东海洋外来入侵生物与防控对策. 海洋湖沼通报,2009(1): 41-46.

徐海根,强胜. 2011. 中国外来入侵生物. 1-684. 科学出版社.

牛膝菊

Galinsoga parviflora Cav.

虽然牛膝菊只是野外的一种杂草,但它具有种子量大、生长快速、蔓延迅速等特点,并且难以去除,对农田作物、蔬菜和果树等都有严重影响。在游玩、旅行中,或在采摘野菜时,如若看到它的踪影,请你一定要动动手,将它拔除,斩草除根,不要再让它有生根发芽的机会,为我们美好的生态环境作一点贡献。

小个头儿的花

提到"牛",人们想到的就是那个非常熟悉的,体格庞大,平时性情温顺,但一旦疯狂起来却无法抵挡的动物——牛。这可能也是"牛脾气"的来历。当然,更"牛"的脾气是,俗语里说的"九头牛也拉不回来"。牛是和人类接触最密切的动物之一,在我国这样的农业大国,自古以来,人的衣食住行都和牛有很大的关系,牛就相当于家庭的一员。牛素来以吃苦耐劳、无私奉献著称,鲁迅先生说过:"牛吃的是草,而挤出来的是奶",更有名言"俯首甘为孺子牛",赋予了牛高尚的人格魅力。我们即将介绍的"主角"名字中也有一个"牛"字,但在体格和力量上均无法和牛相比拟,不过它也有着让人惊叹的本

鲁迅

领,这就是牛膝菊———一种生命力非常强的外来入侵植物。它的"个头儿"矮小,大概只能长到牛的膝盖位置,因而得到"牛膝菊"这一名称。除了名字与牛有关,它还是营养丰富的牛饲料。

说起牛膝菊这个名字,可能很多人都不知道它是什么植物,但若提起它的别名,如辣子草、向阳花、珍珠草、铜锤草等,可作为药食两用的野菜,也许就有人恍然大悟:"原来是它哟,我们经常会在墙脚、路边、荒地上见到它的踪迹。"尽管目前在许多地方都可以看到牛膝菊,但它在我国生长的历史仅有百年,是一个地道的外来植物。它的英文名字也有许多,如"quickweed"———快草,是因它生长和成熟速度很快,并在每个生长季能产生许多的后代而得名;"waterweed"———水草,是形容它像水一样能快速把种子扩散到每个地方。

牛膝菊的学名为*Galinsoga parviflora* Cav.,是菊科牛膝菊属的植物。牛膝菊属的学名*Galinsoga*源自一位西班牙植物学家的名字,这位植物学家是西班牙马德里皇家植物园的园长。种加词*parviflora*是小花的意思。通过它的学名我们就可以判断出,它是一种开小花的

美国纽约华尔街的铜牛

153

牛膝菊

菊科植物。菊科在被子植物中种类最多,稳坐"被子植物第一大科"的"宝座"。而牛膝菊属在全世界仅有5种,主要分布于美洲,我国仅有2种,即牛膝菊和粗毛牛膝菊 G. quadriradiata Ruiz. & Pav.,而这两种植物均为外来入侵植物。

下面我就给大家详细介绍一下牛膝菊的形态特征。它为一年生草本,矮的仅有10厘米高,最高的植株也仅有80厘米,其中大部分的植株确实与牛的膝盖骨近于等高,说明它的中文名字取得非常恰当,形象具体地反映了它的株高。关于茎的粗细,个体间差别很大:有的个体拥有纤细的"腰肢",茎基部直径不足0.1厘米;有的个体较粗壮,基部直径约0.4厘米,不分枝或自基部分枝,分枝斜升,全部茎枝被疏散或上部稠密的短柔毛和少量腺毛,茎基部和中部花期脱毛或稀毛。它的叶是对生的,卵形或长椭圆状卵形,长2.5~5.5厘米,宽1.2~3.5厘米,基部圆形、宽或狭楔形,顶端渐尖或钝,三出脉或不明显五出脉,在叶下面稍突起,上面平,有叶柄,柄长1~2厘米;向上及

154

粗毛牛膝菊

牛膝菊

粗毛牛膝菊

花序下部的叶渐小，通常披针形；全部茎叶两面粗涩，被白色稀疏贴伏的短柔毛，沿脉和叶柄上的毛较密，边缘浅或钝锯齿或波状浅锯齿，在花序下部的叶有时全缘。

当你看到路边正在开花的牛膝菊，顺手摘下一朵花，将它剖开后仔细观察，你会惊奇地发现，这不是一朵花，而是由许多花组成的一个头状花序。牛膝菊作为菊科大家族中的一员，"头状花序"这个标志性特征是必须具备的。事实上，我们身边许多熟悉的植物都具有头状花序，通常被称作花盘，比如果实可以漫天飞舞的蒲公英和果实香甜而美味的向日葵。牛膝菊是菊科植物中头状花序较小的一类植物。它的花盘最外围有1～2层绿色的总苞片，把一枚枚小花包得严严实实的。牛膝菊的头状花序为半球形，有长花梗，多数在茎枝顶端排成疏松的伞房花序，花序径约3厘米。总苞半球形或宽钟状，宽0.3～0.6厘米；总苞片1～2层，约5个，外层短，内层卵形或

蒲公英

牛膝菊5个舌状花瓣和黄色的管状花

卵圆形,长0.3厘米,顶端圆钝,白色,膜质。

　　牛膝菊的花瓣与蒲公英和向日葵的花瓣排列有很大的不同。蒲公英、向日葵的花瓣围绕着整个花盘,密密麻麻的数不清数目;牛膝菊的花瓣数目很少,在它的头状花序中一共有4～5个花瓣。花瓣数目虽少,却能派上大用场,它们担负着非常重要的使命——利用"美色"吸引昆虫来传粉。有花瓣的花称为舌状花,花瓣被称作舌片。牛

粗毛牛膝菊的头状花序

膝菊的舌状花4～5个,舌片白色,顶端都有3齿裂,筒部细管状,外面
被稠密白色短柔毛。牛膝菊的花序除了舌状花外,其余的全是管状
花。它的管状花花冠长约1毫米,黄色,下部被稠密的白色短柔毛。
托片倒披针形或长倒披针形,纸质,顶端3裂或不裂或侧裂。
　　头状花序中管状花通常都是可以孕育种子的,而舌状花的命运
就有两种情况:一是仅起到装饰作用以便吸引昆虫前来访问,二是

不仅起到装饰作用而且可以孕育产生下一代。向日葵的舌状花就只是用来装扮花朵，吸引昆虫前来访问的，仅由位于中央的管状花产生众人喜爱的葵花子。牛膝菊的花与向日葵有所区别，它的舌状花能结出瘦果。它的瘦果长1～1.5毫米，3棱或中央的瘦果4～5棱，黑色或黑褐色，常压扁，被白色微毛。舌状花和管状花结出的瘦果均具有冠毛，但二者之间有一定的区别。舌状花冠毛毛状，脱落；管状花冠毛膜片状，白色，披针形，边缘流苏状，固结于冠毛环上。花、果期7～10月。

向日葵的舌状花瓣围绕着整个花盘

大范围的扩张

　　牛膝菊现如今已成为一种有害的杂草，入侵到全球温带和亚热带的许多地区，主要占领荒地和破坏农田。那么，它是在哪里起源的

别看我小，可我的舌状花可以结出瘦果哦。

向日葵的舌状花只是用来装扮花朵，吸引昆虫前来访问。牛膝菊的花与向日葵有所区别，它的舌状花能结出瘦果

呢？原来它来自一个遥远的大陆——美洲，它的起源中心位于美洲中部的山区。牛膝菊在那里的生活祥和而平静，没有刀光剑影，没有尔虞我诈。长久以来，它与共同经历过漫长岁月的"老邻居"们和平共处、相安无事。一直到18世纪，欧洲人的到来才打破了它原本平静的生活。欧洲人看到了它美丽而娇小的花朵，产生了强烈的好奇心，因为这是他们在欧洲从未见过的新植物，于是决定把它带回老家慢慢欣赏。

当年这些欧洲人非常轻率地作出了这个决定，没有经过深思熟

入侵荒地的粗毛牛膝菊

虑。这些早已作古的人们无论如何也不会想到，牛膝菊竟然可以形
成目前的局面，不仅影响欧洲，而且给全球许多地区都带来了危害。
当年它的欧洲之行最早到达的是位于巴黎的植物园。"初来乍到"的
牛膝菊在植物园里生活得很好，得到了园丁的精心照顾。但是无论
生存条件多么舒适，也无法挽留住一颗不安分的灵魂。经过几十年

的定植期后,它躲避开园丁的视线,从巴黎植物园成功逃逸到野生环境中去了。它对法国的野生环境适应力很强,仅用了几十年的时间就形成了较大的规模。

随后,牛膝菊便入侵到了西班牙,并且在那里遇到了一位植物学家——马德里皇家植物园的园长。他研究了牛膝菊后发现,这是一个从未被命名的新种,而且依据当时建立的分类系统,无法把它归入菊科下面现有的属中。因此,他依据牛膝菊为模式种建立了牛膝菊属,并把自己的名字赋予了他所建立的新属——*Galinsoga*。

人类的战争也为牛膝菊的版图扩张提供了绝好的契机。当时,战马是重要的交通工具,马料就成为行军打仗必备的后勤保障。牛膝菊或者直接被当作战马的饲料,或者它的种子混迹在马料中,被战马吃掉仍完好无损,依然具有萌发的能力,因此被传播到其他地方。在19世纪

法国巴黎的凯旋门

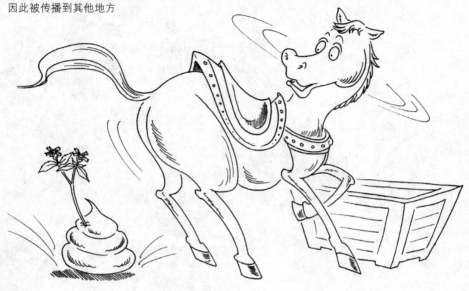

牛膝菊的种子混迹在马料中,被战马吃掉仍完好无损,依然具有萌发的能力,因此被传播到其他地方

初,牛膝菊追随着拿破仑的部队开始向其他国家的领土挺进。由于它如此"忠实"地追随拿破仑,因此被称作"法国士兵"。在第一次世界大战时期,它又像士兵一样,入侵到欧洲的许多国家。

在第二次世界大战爆发之前,牛膝菊已经到达了非洲东部。最初,它的生存空间主要局限在高海拔地区。随着人口数量的增加和农业活动的开展,牛膝菊逐渐在非洲的低海拔地区生长。后来,亚洲和大洋洲也未能幸免,均成为了它的扩

外来物种入侵的途径

外来物种入侵的主要途径:有意识引入、无意识引入和自然入侵。有意识引入主要是出于农林牧渔生产、美化环境、生态环境改造与恢复、观赏、作为宠物、药用等方面的需要,但这些物种最后就可能"演变"为入侵物种。无意识引入主要是随贸易、运输、旅游、军队转移、海洋垃圾等人类活动而无意中传入新环境。自然入侵主要是靠物种自身的扩散传播力或借助于自然力而传入。

164

四处蔓延的牛膝菊

张版图。牛膝菊在我国最早被发现的时间是1915年,当年在云南宁蒗和四川木里均采到了它的标本。随后,它又陆续在贵州、浙江、江西、湖北、安徽等地出现,不断"攻城略地",四处蔓延。现在,牛膝菊的踪迹已经遍布于我国大部分地区。

做个"野心家"

一株看似很平常的植物,枝叶没有特别之处,花朵儿也很普通,果实小小的,仅1毫米那么一丁点儿,竟然能一寸一寸地,一里一里地,以自己的根须丈量全球大地。它在与各种土著植物的竞争中屡屡获胜,它的"赫赫战功"让我们不得不对它刮目相看,它实在是植物中的"野心家",也是"实干家"。拥有如此赫赫的战绩,小小的牛膝菊是如何做到的呢?

外来入侵植物往往能够在不同生境内生存,具有较强的逆境适应能力和种群竞争能力,这有利于有害植物的入侵和定殖。牛膝菊之所以能够成为入侵物种,一个主要原因是具有很强的生态适应能力,能适应和充分利用当地的环境条件,最终在竞争中占据主导地位而得以扩散。它对养分条件要求不高,无论是贫瘠的土地还是肥沃的良田,均能生长,而且能够适应潮湿的土壤环境。同时,它的地下根系非常强大,可以促进它对土壤养分及水分的吸收,与其他植物争夺生态位,这使得牛膝菊能够很快在陌生环境中定居,繁衍后代,最大限度地扩大其入侵范围。

强大的繁殖能力是牛膝菊"攻城略地"的基本保障。它占领地盘的标志是在新的地盘繁衍它的子孙后代。与其他入侵植物不同,牛膝菊没有采用

拿破仑雕像

薇甘菊　紫茎泽兰

加拿大一枝黄花　豚草

具有化感作用的外来入侵植物

营养繁殖的方式,其生殖方式只有有性繁殖。这种专一性繁殖方式的优势在于,容易使后代具有丰富的遗传性和更多的变异,这样扩展和适应环境的能力也更强。另外,大量胚胎学观察表明,牛膝菊雌、雄配子体发育过程中几乎没有败育现象,这些可能是作为外来入侵种在入侵地大量繁殖生存的重要内在因素。

牛膝菊虽然也会引诱昆虫媒介,但更重要的是靠风姑娘来帮忙传粉。头状花序中的每一朵花均能在传粉受精后产生果实,这一特点保证牛膝菊能产生足够多的后代。它的果实就像一把伞,更便于风姑娘帮它传播;它的种子可不容你小瞧,阶段性地萌发,易于形成聚集种群,这样的大家族不至于被新的环境淘汰。这些都保证了牛膝菊顺利地繁殖后代,逐渐扩大其家族成员。小小的身躯竟然蕴藏着无穷大的力量,它们随风四散,就像蒲公英的种子随风飘舞一般传播到各地。

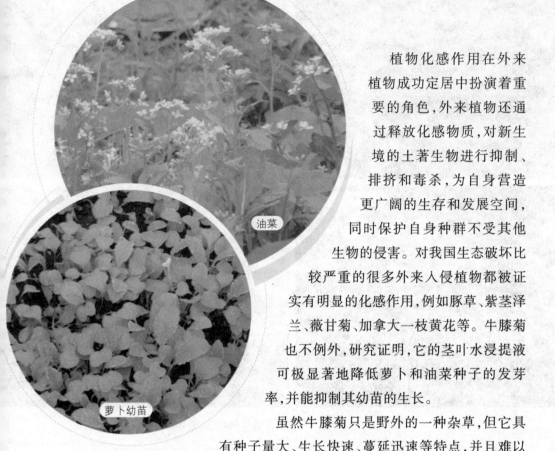

油菜

萝卜幼苗

牛膝菊能够抑制萝卜和油菜的生长

植物化感作用在外来植物成功定居中扮演着重要的角色，外来植物还通过释放化感物质，对新生境的土著生物进行抑制、排挤和毒杀，为自身营造更广阔的生存和发展空间，同时保护自身种群不受其他生物的侵害。对我国生态破坏比较严重的很多外来入侵植物都被证实有明显的化感作用，例如豚草、紫茎泽兰、薇甘菊、加拿大一枝黄花等。牛膝菊也不例外，研究证明，它的茎叶水浸提液可极显著地降低萝卜和油菜种子的发芽率，并能抑制其幼苗的生长。

虽然牛膝菊只是野外的一种杂草，但它具有种子量大、生长快速、蔓延迅速等特点，并且难以去除。它的适应能力强，发生量大，对农田作物、蔬菜和果树等都有严重影响，容易随带土苗木传播。由于其自身的危害性，因此它的大名被列入了世界恶性杂草名录。目前，牛膝菊作为害草，已经"非法"占用了绿地、路边、宅旁、树林、果园及蔬菜地，给城市绿化、农业生产和生物多样性带来巨大威胁。

对入侵植物的治理，目前的方法是首先建立预警机制，严格防控，从源头上杜绝；加强外来植物的检疫，严把进口检疫关，防止外来有害植物入境，这是最为关键的一环，我们要将它"偷渡"的美梦扼杀在摇篮里。其次是积极治理，人力治理目前最优的方法是机械设备驱除。化学药物驱除是目前见效最快的方法，但是也容易引起生态环境的化学污染和破坏，尤其是水环境和草原环境，会带来一系列的遗留问题。

牛膝菊也并不是一无是处。它可以全草入药，有清热解毒、止血、消炎的功效，对外伤出血、扁桃体炎、咽喉炎、急性黄疸型肝炎有一定的疗效。在很多偏远地区的乡村里，交通比较闭塞，与外界联系不方便，那里的医生就经常用牛膝菊作为中草药来治病。不过，当地的人们一般都叫它——辣子草。

牛膝菊

在有些地方，牛膝菊还走上了人们的餐桌。它以嫩茎供食，有特殊的香气，风味独特，可以炒食、做汤、做火锅底料，其中一道"辣子草炒肉"可谓是色、香、味俱全，"凉拌辣子草"更是让人食欲大增。在入侵植物行列中，它是罪大恶极，但是从可食用野菜的受青睐度来看，它又是大家的"宠儿"。不过，我们仍然要清楚地认识到，它作为外来入侵植物的危害性是不会改变的。我希望读者朋友们在游玩、旅行中，或在采摘野菜时，如若看到它的踪影，请你一定要动动手将它拔除，斩草除根，不要再让它有生根发芽的机会，为我们美好的生态环境作一点儿贡献！

（毕海燕）

深度阅读

李振宇，解焱. 2002. **中国外来入侵种**. 1-211. 中国林业出版社.

徐正浩，陈为民. 2008. **杭州地区外来入侵生物的鉴别特征及防治**. 1-189. 浙江大学出版社.

李康，郑宝江. 2010. **外来入侵植物牛膝菊的入侵性研究**. 山西大同大学学报(自然科学版)，26(2): 69-71.

雷霆，崔国发，卢宝明. 2010. **北京湿地植物研究**. 1-175. 中国林业出版社.

徐正浩，陈再廖. 2011. **浙江入侵生物及防治**. 1-353. 浙江大学出版社.

徐海根，强胜. 2011. **中国外来入侵生物**. 1-684. 科学出版社.

万方浩，刘全儒，谢明. 2012. **生物入侵：中国外来入侵植物图鉴**. 1-303. 科学出版社.

雀鳝

Atractosteus spp. & *Lepisosteus* spp.

雀鳝是一种十分凶猛的鱼类,处于食物链的顶端,它的存在,会对这个水域内所有的鱼类带来致命的危害。由于目前它们没有天敌制衡,也没法用人工方法来彻底消灭它们,这些被随意投放在自然环境中的雀鳝,一旦适应环境,形成自然种群,结局将会无法收拾。

从白垩纪走来

鹦鹉螺

在漫长的生物进化历程中,无数的物种都被大自然的变迁淘汰了,其中有很少的一部分生物个体变成化石,成为远古时期那些物种曾经存在的证据。还有极少数的物种,在千百万年的变化中,能够基本保持其祖先的模样,繁衍至今,被人们称为"活化石"。比如众所周知的大熊猫、银杏、红豆杉、鹦鹉螺、鸭嘴兽等,它们的形态与亿万年前的祖先基本上是一样的,为现代人了解地球生命的演化提供了科学证据。

在现生的鱼类中,也有一些堪称活化石的物种,如拉蒂迈鱼、中华鲟、弓鳍鱼等。此外,人们比较熟悉的,被称为"尖嘴鳄""火箭"的观赏鱼——雀鳝,也是鱼类"活化石"中的一员。

雀鳝是雀鳝属和大雀鳝属鱼类的统称,在分类学上隶属于辐鳍鱼亚纲全骨总目雀鳝目雀鳝科。雀鳝是一类比较原始的种类。人们在欧洲发现的雀鳝化石,距今已有1.2亿年。那时正好是中生代的白垩纪,也就是恐龙繁盛的时代。白垩纪是中生代的最后一个纪,也是时间最长的一个纪,始于距今1.455亿年,结束于距今6550万年,其间经历了8000万年。白垩纪的气候相当暖和,生物物种十分丰富,尤其是爬行类从晚侏罗纪至早白垩纪达到极盛,占领着海、陆、空三大空间。恐龙的种类更是空前

大熊猫

鸭嘴兽

银杏

繁荣，比如最著名的霸王龙，是陆地上出现过的最大的食肉动物，其凶狠、残暴的形象成为众多远古题材影片的招牌，还有浑身披甲的甲龙、头上长角的三角龙、关爱幼子的窃蛋龙、鸭嘴龙等。不过，恐龙也是在白垩纪从繁盛走向灭亡的。

除了恐龙之外，在白垩纪的天空中，飞翔着翼龙；在白垩纪的海洋中，游动着鱼龙、蛇颈龙和身长超过15米、比现在的逆戟鲸和大白鲨都大的沧龙，以及数量众多的菊石等无脊椎动物。陆地上最繁盛的植物是以苏铁类、银杏类和松柏类为主的裸子植物，以及各种真蕨类，这些植物仍有很多种类至今还生活在地球上。除此之外，雀鳝也在这个时代广泛存在，现在在北美洲、欧洲、亚洲（印度）和非洲都有它们的化石被发现。但与上述的那些著名的生物类群相比，它们只是生活在河流中的一个鱼类类群而已。

白垩纪晚期发生了一次地球历史上最大规模的物种灭绝事件，大量植物种类以及超过半数种类的动物灭绝，曾经不可一世的恐龙也是在这次事件中从地球上彻底消失的。裸子植物、真蕨类从此极度衰落。新兴的鸟类、哺乳动物开始发展起来，无脊椎动物以双壳

中华鲟

拉蒂迈鱼

类、腹足类为主，被子植物逐渐取代裸子植物。鱼类进入了以真骨鱼类为主的时代。雀鳝，这个在白垩纪不显山不露水的"小角色"，却在这个类群更迭、物种演变的过程中，幸运地繁衍至今。

护身三宝

在如此艰难的世事变迁中，雀鳝有什么独特之处得以保全至今呢？科学家认为，白垩纪晚期的生物大灭绝是由于小行星撞击地球所造成的，这次撞击致使地球内部的岩浆汹涌喷出、超级火山爆发，整个地球被浓浓的火山灰和毒气所笼罩，地球上的生物长时间不见阳光，植物无法进行光合作用，因而大批死亡，而以这些植物为食的动物也随之死亡。但是，在淡水河流中生活的动物大多以陆地冲刷下来的小型生物和有机碎屑等为食，较少直接取食植物体，因此在河流中生活的很多物种得以保存下来。雀鳝的食物主要是小鱼，小鱼吃有机碎屑，小鱼活下来，雀鳝也就能活下来了。

雀鳝在这次灭绝事件中能够躲过灭顶之灾，除了得益于生活在淡水环境中外，可能还要归功于它自身所拥有的三件独特的防身之宝。

第一件宝，是它们浑身披裹着无比坚硬的鱼鳞。这些鳞片把雀鳝的身体包得严严实实，其坚硬的程度真能称得上"刀枪不入"。美国得克萨斯州的渔民，在捕获雀鳝以后，即便使用砍刀或能剪金属片的剪子来解除它们的鱼鳞，也不是件容易的事，而普通刀具在雀鳝身上那铠甲一般坚硬的鳞片面前，毫无用武之地。有些性急的渔民有时候甚至只能用锯子来解除它们的护甲。

早些时候的人们会用雀鳝坚硬、锋利的鳞片制作弓箭的箭头，其威力一点儿也不比金属箭头差。现在美国一些猎鱼爱好者仍然在用这个方法来捕获雀鳝：由于在雀鳝的头顶、两眼之间的地方，有一小块只有皮肤、没有硬骨遮盖的区域，如果射中这个位置，就能够猎杀这只雀鳝。这种猎杀方式，对一个猎鱼者来说，最大的挑战就是要有精准的射术，利用雀鳝的这个"阿喀琉斯之踵"来取得成功。在捕鱼季节，猎

防治外来物种入侵的方法

外来物种入侵的防治需要长期坚持"预防为主，综合防治"的方针，要科学、谨慎地对待外来物种的引入，同时保护好本地生态环境，减少人为干扰。在加强检疫和疫情监测的同时，把人工防治、机械防治、农业防治（生物替代法）、化学防治、生物防治等技术措施有机结合起来，控制其扩散速度，从而把其危害控制在最低水平。

人工或机械防治是适时采用人工或机械进行砍除、挖除、捕捞或捕捉等。农业防治是利用翻地等农业方法进行防治，或利用本地物种取代外来入侵物种。化学防治是用化学药剂处理，如用除草剂等杀死外来入侵植物。生物防治是通过引进病原体、昆虫等天敌来控制外来入侵物种，因其具有专一性强、持续时间长、对作物无毒副作用等优点，因此是一种最有希望的方法，越来越引起人们的重视。

长吻雀鳝

175

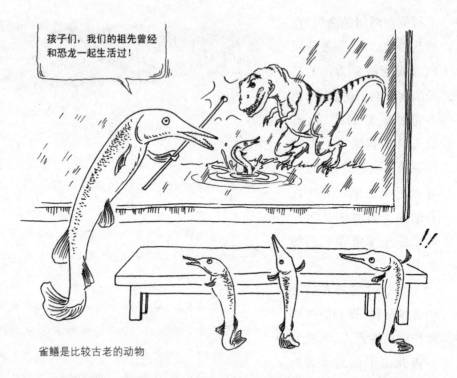

雀鳝是比较古老的动物

手们便划着小船，到河里去寻找雀鳝。一般情况下，雀鳝喜欢静静地浮在水的上层，猎手们发现它以后，就会将小船悄悄靠近，找好伏击点，取出弓和用从前捕获的雀鳝的鳞片作箭头的箭，瞄准雀鳝那个薄弱的位置，射向猎物。

虽然存在"阿喀琉斯之踵"，但全身都有如此坚硬的铠甲护体，雀鳝的生存自然就比其他的物种轻松一些。在淡水河流中，绝大多数动物是吃不了它的。那是否就天下无敌了呢？世上万物，总是一物降一物。在美国，短吻鳄就是雀鳝的天敌。短吻鳄有坚韧、锋利的牙齿和强壮的颌骨，足以咬碎雀鳝的铠甲。

雀鳝的第二件宝是其可以靠之呼吸的鱼鳔。现生鱼类的鱼鳔，主要功能是调节鱼体的比重：当鱼鳔中充满气体时，鱼的比重较轻，鱼上浮；鱼鳔中的气体排出，鱼体比重大，鱼下沉。通过鱼鳔中气体含量的变化，可以调节鱼在水中的位置，所以有鱼鳔的种类常常能够在水的中层停留，没有鱼鳔的种类要么趴在水底，要么必须一直在水中不停地游动。雀鳝的鱼鳔有鳔管与食道相连，鳔分隔出许多小室，

176

鳔壁上密布毛细血管,结
构跟陆生动物的肺相似,
空气通过食管进入鱼鳔,
可以与鳔壁上的毛细血管
进行气体交换,因此它的
鱼鳔不仅仅具有调节比
重的作用,还有呼吸的功
能。当水中氧气不足时,
雀鳝还可以游到水的表面
呼吸。

松柏类

绝大多数鱼类必须
通过鳃上的毛细血管与水
中的氧气进行气体交换,
因此当鱼离开水时,很快
就会缺氧而死。但是,雀
鳝离开水,只要身体湿润,
通过呼吸空气中的氧气,
常常能存活三四个小时以
上。因此,当环境缺水时,
雀鳝往往可以渡过难关,
而其他鱼类就只有死路一
条。这个特有防身术也可
能帮助雀鳝经历了1亿多
年的地球气候变化和生态
环境变化的考验。

苏铁

雀鳝的第三件宝是
有毒的鱼卵。自然界中
生物生存最大的威胁,一
是天敌,二是恶劣的自然
环境。不过,雀鳝少有天

蕨类

与雀鳝同时代生活的植物

曾与雀鳝同时代生活的恐龙

敌,不怕缺水。如果还有什么威胁的话,那就是毫无反抗能力的下一代。在鱼类的世界里,很多小型鱼类都把其他鱼的鱼卵当作主要食物,无论多么凶狠的鱼,它们产的卵都是没有保护、不会游动的一团美味,只能静静地待在一个地方,任人宰割。当然也有极少数种类的父母会守在鱼卵的旁边,等待鱼卵孵化。没有父母看管的鱼卵,无论父母把它们藏在草丛中、沙砾下,都会被那些不起眼的小鱼发现、吞食。但是,雀鳝解决这个问题的办法很简单:它们并不守着鱼卵,不耽误自己"吃喝玩乐",而是让自己产下的鱼卵含有剧毒,谁吃谁死。这个方法轻松地解决了保护后代的问题,使后代的生存得到保障。

翼龙

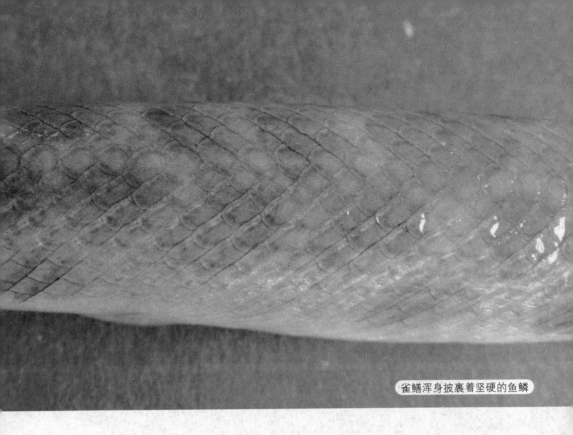

特殊的观赏鱼

雀鳝是大型肉食性鱼类，一般体长1～2米，最大的可达3米。它们平常生活在淡水中，偶尔会进入咸淡水水域，主要以其他淡水鱼类为食。雀鳝喜欢单独生活，在隆冬季节会停食，藏匿于水的底层。生长速度随性别不同而有差异，雌鱼长得快，雄鱼长得慢，3～6年性成熟，生殖期为3～7月，有的种类延至10月。它的卵有毒，呈绿色，黏附于水草或砾石上。

远古的雀鳝种类繁多，几乎遍布全球水域。但是经过了一亿多年的磨难，这个古老的鱼类类群现在已经不再繁盛。它们的分布范围仅限于北美洲东部、中美洲一带，共有2属7种，分别是大雀鳝属的大雀鳝*Atractosteus spatula* Lacépède、古巴雀鳝*A. tristoechus* (Bloch & Schneider)、热带雀鳝*A. tropicus* Gill，雀鳝属的斑点雀鳝*Lepisosteus oculatus* Winchell、长吻雀鳝*L. osseus* Linnaeus、短吻雀鳝*L. platostomus* Rafinesque和佛罗里达雀鳝*L. platyrhincus* DeKay。有趣的是，它们主要是作为观赏鱼而被世人所认识的。

短吻雀鳝

佛罗里达雀鳝

长吻雀鳝

大雀鳝

各种雀鳝

斑点雀鳝

观赏鱼之所以得到人们的喜欢,要么是体色鲜艳漂亮,要么是体形奇特,要么是它们的习性惹人怜爱,雀鳝能够受到众多观赏鱼爱好者的欢迎,主要是因为它们独特的体形和奇特的捕食习性。

雀鳝的身体呈长圆柱形,上下颌亦长,上面长有锐利的齿,模样凶猛。雀鳝的英文名字是gar,在英国撒克逊语中是长矛的意思,中文俗称为火箭,也叫尖嘴鳄,因为雀鳝的硬鳞以及长满尖齿的长嘴,跟鳄类的确有几分相似。

雀鳝的捕食手法,很像沉着冷静的狙击手。它在水中总是单独活动,不喜欢剧烈的运动,常常是一副孤傲、冷漠的样子,或是缓缓游动,或是静静地漂在水的上层。如果发现猎物,就悄悄游动到适合伏击的位置,然后一动不动地埋伏在那里,如同一截浮在水中的木棍,不容易引起猎物的怀疑。实际上,雀鳝像狙击手一样,注视着猎物的一举一动,而自己异常的冷静、放松。一旦时机成熟,它猛一摆尾,冲过去,迅速张开长有利齿的长嘴,准确地咬下去,往往一击成功。然后,雀鳝又很快平静下来,慢慢地游到一边。那些养殖雀鳝的观赏鱼爱好者,就是喜欢观赏雀鳝那种狙击手般的感觉:守望猎物的时候冷静得让人窒息,但最后突然一击让人赏心悦目。

现存的7种雀鳝中,大雀鳝最受我国观赏鱼爱好者喜爱。大雀鳝鱼体呈青灰色,带有暗黑色斑纹,嘴与其他雀鳝种类相比要短一些,比较宽大，跟鳄鱼的嘴相似，所以又被称为鳄雀鳝。它是7种雀鳝中最大的，也是世界十大凶猛淡水鱼之一。有人曾在美国得克萨斯州境内捕获过体长约3米、体重约104千克的大雀鳝。观赏鱼爱好者非常看好这种鱼来者不拒、"大小通吃"的特点，希望自己也像它们一样大小通吃、财源广进，因此又给它起了一个很吉利的名字——"福鳄"。现在还有人专门养殖白化的大雀鳝，以奇货自居，博人眼球。

古巴雀鳝体长可达2米，由于生态环境被破坏，产量锐减，被古巴政府列为保护物种，出口贸易量很少，成为目前市场上最贵的雀鳝。古巴雀鳝本身也很漂亮，身体及头部无花纹，通体古铜色，具珐琅质般的光泽，只有鱼鳍有浅黑色花纹，所以又称为幽灵火箭、古巴火箭、白金火箭。

长吻雀鳝就是市场上最常见的尖嘴鳄，也叫尖尾雀鳝、长吻鳄鱼火箭、长吻雀鳝鱼。全身细长，尤其嘴特别细长。它的分布最广，体背面为橄榄褐色，布满深色斑点。体长可达2米。

斑点雀鳝体形较小，为1米左右，全身布满纵向的黑色斑块。它的特点是耐低温能力强，适应能力强，一般雀鳝是生活在18℃以上的水域，但斑点雀鳝能够在0℃的水温中生存。

热带雀鳝和佛罗里达雀鳝对水温要求更高一些，短吻雀鳝的吻部较其他种类更短。

斑点雀鳝

185

有一些人把雀鳝买回家,没有兴趣后就任意抛弃,常有垂钓者发现雀鳝的踪迹

远渡重洋

经过了一亿两千万年的磨难,虽然现在所剩种类不多,但雀鳝从寂寂无名的小卒,成为学术界、观赏鱼界的知名鱼种。除此之外,近年来又因人类的过失,雀鳝让更多的人了解了它们的孤傲独特,以及它们的强大和危险。

通过观赏鱼贸易,雀鳝漂洋过海,向美洲以外的地区扩散。但常常会有一些人把雀鳝买回家,没有兴趣后就任意抛弃,在我国长江流域就常常有渔民或垂钓爱好者发现雀鳝的踪迹。此外,还有广西钦州市、山西临汾市、江西赣县、广东新丰县和东莞市、福建桐山溪、江苏苏州市、浙江温州市、湖南永州市等地都有发现雀鳝的报道。

雀鳝是一种十分凶猛的鱼类,处于食物链的顶端。它的存在,会对所在水域内所有的鱼带来致命的危害。那些被随意投放在自然环境中的雀鳝,没有天敌制衡,也没法用人工方式杀灭,它们一旦适应环境,形成自然种群,结局将会无法收拾。由于雀鳝可能带来的

长江

危害,现在它的名字被列入了外来入侵物种的名单,时刻警示人们对引进和养殖雀鳝进行严格管理,不能让它们进入非原产地的自然环境。

值得庆幸的是,这几年由于专业人士的宣传和呼吁,越来越多的人认识到应该谨慎对待外来物种,各种媒体也在发现外来物种入侵现象后及时报道和警示百姓,提醒人们进行防范。

我们希望各级管理部门能够加强和规范对外来物种的管理,坚持长期宣传防控外来物种入侵的相关知识,促进人们生态道德意识的提高,这样才能将外来物种入侵的危害降到最低。

(杨静)

深度阅读

楼允东. 2000. 我国鱼类引种研究的现状与对策. 水产学报, 24(2): 185-192.

李家乐, 董志国. 2007. 中国外来水生动植物. 1-178. 上海科学技术出版社.

牟希东, 胡隐昌, 汪学杰等. 2008. 中国外来观赏鱼的常见种类与影响探析. 热带农业科学, 28(1): 34-40, 76.

王迪, 吴军, 窦寅等. 2008. 江苏水产养殖鱼类外来物种调查及其生物入侵风险初探. 江西农业学报, 20(11): 99-102.

摄影者

李湘涛	杨红珍	李 竹	徐景先	黄满荣
杨 静	倪永明	张昌盛	毕海燕	夏晓飞
殷学波	王 莹	韩蒙燕	刘海明	刘 昭
刘全儒	黄珍友	张桂芬	张词祖	张 斌
梁智生	黄焕华	黄国华	王国全	王竹红
黄罗卿	杜 洋	王源超	叶文武	王 旭
杨 钤	蔡瑞娜	刘小侠	徐 进	杨 青
李秀玲	徐晔春	华国军	赵良成	谢 磊
王 辰	丁 凡	周忠实	刘 彪	年 磊
于 雷	赵 琦	庄晓颇